现代催眠术原理与应用

（第二版）

宋专茂 著

暨南大学出版社
JINAN UNIVERSITY PRESS
中国·广州

图书在版编目（CIP）数据

现代催眠术原理与应用/宋专茂著. —2 版. —广州：暨南大学出版社，2008. 3（2009. 5 重印）

ISBN 978 - 7 - 81079 - 686 - 6

Ⅰ. 现…　Ⅱ. 宋…　Ⅲ. 催眠治疗—普及读物　Ⅳ. R749. 057 - 49

中国版本图书馆 CIP 数据核字（2006）第 018344 号

出版发行：暨南大学出版社

地　址：中国广州暨南大学
电　话：总编室（8620）85221601
营销部（8620）85225284　85228291　85220693（邮购）
传　真：（8620）85221583（办公室）　85223774（营销部）
邮　编：510630
网　址：http：//www. jnupress. com　http：//press. jnu. edu. cn

排　版：暨南大学出版社照排中心
印　刷：佛山市浩文彩色印刷有限公司

开　本：890mm × 1240mm　1/32
印　张：10. 125
字　数：220 千
版　次：2006 年 6 月第 1 版　2008 年 3 月第 2 版
印　次：2009 年 5 月第 3 次
印　数：8001—11000 册

定　价：28. 00 元

目录

原理篇

应用篇

原理篇

第 1 章　认识催眠术

本章要点

1. 探讨催眠与催眠术的含义、催眠的特征、催眠术的种类、催眠的状态构成。

2. 初步描述催眠术的发展简史与现状。

催眠术作为心理学的一门分支学科，自 20 世纪早期走上实验科学的轨道以来，逐渐为越来越多的人所关注。现在，催眠术不仅是心理医护人员治疗心理疾病的重要手段，而且还被广泛应用于对人潜能的开发活动中，例如，提高自信、激发动力、增强注意力及记忆力、提高学习能力、提高创造力、增强体能、改善美容与减肥效果、诱导对内心事件的记忆、减轻压力、消除恐惧、克服焦虑、治疗失眠、改善人际关系、去除不良习性、戒烟乃至戒毒，减轻生育、无药物麻醉手术和拔牙疼痛，等等。不仅如此，催眠术也被用在管理工作中，借助心理暗示的作用，提高管理效率；催眠术还被用在市场营销中，增强顾客的购买欲，从而提高商品销售量。可以说，催眠术已经成为人们向自己的潜意识索要能量的一种手段和途径。

图1-1 法国一位曾在二战时期担任战地护士多年的姑米回忆说，在麻醉剂短缺的情况下，人们常常使用催眠术来减少伤员的痛苦。

资料来源：Daniel Coyle. Lance Armstrong's War. Harper Collins, 2005.

1.1 催眠与催眠术的含义

1.1.1 催眠与催眠术的定义

什么是催眠？1986年出版的《简明大不列颠百科全书》对催眠的定义是："类似于睡眠，但对刺激尚保持多种形式反应的心理状态。被催眠者似乎只与催眠者保持联系，自动地、不加批判地按照暗示来感知刺激，甚至引起记忆、自我意识的变化。暗示的效果还延续到催眠后的觉醒活动中。"

事实上，到目前为止，有关催眠的定义学术界还没有统一的答案。查阅相关催眠资料，不同的研究者或催眠师对催眠的构成原理或催眠状态的解释见解不一。有的说催眠是"一种意识的改变状态"；有的说是"一种特殊深度的专注"；有的说是"脑电波处于α(alpha)状态"；有的说是"脑电波处于θ(theta)状态"；也有的说是"一种社会的依从"、"期待角色的实行"……这里引述几位心理学者及催眠领域专家的论述来说明催眠的含义。

图 1-2　通过语言暗示，催眠师可以将受术者诱导至深度催眠状态，这样就可以从潜意识里查找某些非器质性疾病的病因。

资料来源：D. Olson. The History Of Hypnosis, 1995.

美国学者艾里克森（Erickson）认为，催眠是从一种意识到另外一种意识情境的状态，并一直持续在这个状态中，或从一种意识到潜意识的状态。

台湾学者王金石认为，催眠是从意识掉入潜意识状态，是一种深度的感官转化。心理学者张春兴认为，催眠是一种类似睡眠而实非睡眠的意识恍惚状态，这种恍惚的意识状态，是在一种特殊情境之下，经由催眠师的诱导而形成的。

台湾的另一位学者刘焜辉认为，催眠是指当事人接受治疗者所发出的特殊的心理学或生理学之操作，很容易被暗示，并且只集中注意于治疗者给予的暗示，呈现与平常迥异的特殊意识，因而容易引起变态心理学上的许多现象，这种状态称为催眠。催眠心理治疗专家蒋平认为，催眠是通过心理暗示、生理放松等活动，使被催眠者的显意识（即理智）放松宁静，降低其主动抵抗力，进而抵达在其掩护之下的潜意识；在这种情况下，被催眠者很容易接受催眠师的语言暗示，后者可以比较自由地对他的心智进行诱导，改变他对事物的不良看法，灌输诸如新的、健康的思维方式。

笔者认为，催眠是人接受适当的暗示（如身心放松、单调刺激、集中注意、意境想象等）后产生的一种特殊的大脑皮层及皮层下组织的活动状态；在这种活动状态下，人的自主判断、自主意愿活动减弱，对外界的感觉、知觉产生收敛性指向，并使心理对生理的控制力量发挥到最高水平。以一定程序实施暗示，使接受暗示者进入催眠状态的方法就称为催眠术。

催眠开始于一种暗示感应，它是改变意识控制水平的一组最初的活动。借助它，能使受暗示者对外部的注意力分散减到最小，并只集中在暗示的刺激上，相信自己正进入一种特殊的意识状态。这里，暗示感应包括想象特定的经验，或对事件的反应进行视觉化。重复地进行这种暗示感应活动，会使感应程序暂时固定下来，就像个人生活习惯一样，使受暗示者很快进入催眠状态。典型的暗示感应程序会使人进入深度放松状态。例如，催眠表演给人留下的深刻印象，实际上不在于催眠者的力量，而在于被催眠者的可暗示性。个体之间存在可暗示性上的差异，从根本没有反应到完全有反应。

耶鲁大学心理学家赫尔在其经典名著《催眠术和暗示》（1933年）中，系统地探讨了暗示在催眠中的作用，明确指出催眠发生的机制在于心理暗示。日本学者守部昭夫认为，“催眠的秘密在于暗示和条件赋予”；国内学者傅安球也认为，“催眠心理疗法的心理基础是暗示作用”。

可暗示性是人的心理特性，是人类在漫长的进化过程中形成的一种无意识的自我保护能力。人们在生活与工作中，懂得使用积极的暗示，可以让事态变得更美好；而习惯使用消极的暗示，往往把事情弄糟。例如，有的人老是觉得自己的工作做不好、能力差，到头来，他的能力真的差了。因为这样的暗示令他减少了努力尝试的机会。一个总暗示自己失败的人，很容易导致失败。

因暗示而产生“催眠”的现象古已有之，生活中随处可见。

图1-3 催眠术变成江湖艺人谋生的本领。图中妇女受催眠暗示的作用，已经感觉不到痛了，任凭粗大的钢针从左脸刺穿到右脸。

“临邛道士鸿都客，能以精诚致魂魄。为感君王辗转思，遂教方士殷勤觅。排空驭气奔如电，升天入地求之遍。”这是唐代诗人白居易《长恨歌》中的后半部分，它展示的其实就是催眠后的效果，临邛道士对唐玄宗用的就是催眠术。当然，老道士的仙术不是现代科学意义上的催眠术，而是来自于中国古代的祭神、扶箕。

在日常生活中，我们经常遇到这样的事：当我们全神贯注地看电视剧时，会不知不觉地沉浸于剧中情节，心情随主人公的悲欢离合而时喜时悲；有时早晨到了办公室，本来精力充沛、心情愉快，过了一会儿却变得烦闷不堪；到商场购物，回到家一清点，却发现有一些是可有可无的，连自己都不知道为何会买了那些东西；有时本来对某个人没有什么印象，过了一段时间后却觉得他面目可憎……诸如此类，我们无不感到莫名其妙。然而，从心理学角度来看，这是人们受到暗示作用的结果。

以上面提及的商场购物行为为例，人们之所以发生非理性购物行为，实际上是受环境信息的心理暗示，即环境信息对人“暗示”的结果。人们在接触环境信息，如看电视时，虽然东看西瞧，属于无意识行为，但在无意中，人们缺乏警觉性，电视中的广告信息会悄悄地进入人的潜意识。这些信息反复重播，即在人的潜意识中积淀下来。当人们购物时，人的意识就受到积累在潜意识中广告信息的影响，并左右其购买倾向。当你对多个品牌的东西拿不定主意时，多半会选择那个已经进入潜意识中的品牌。所以，我们回到家，再回顾当初的选择时，便会感到莫名其妙。

的确，在现实生活中，当我们被某些东西连续、反复地刺激，尤其是言语的诱导，会使你从平常的意识状态转移到另一种特殊的意识状态，而在这种特殊的意识状态下，将比平常更容易接受暗示。应该强调的是，催眠不是使人沉睡，而是催眠者运用心理暗示的方法在被催眠者头脑中唤起的一种特殊意境。

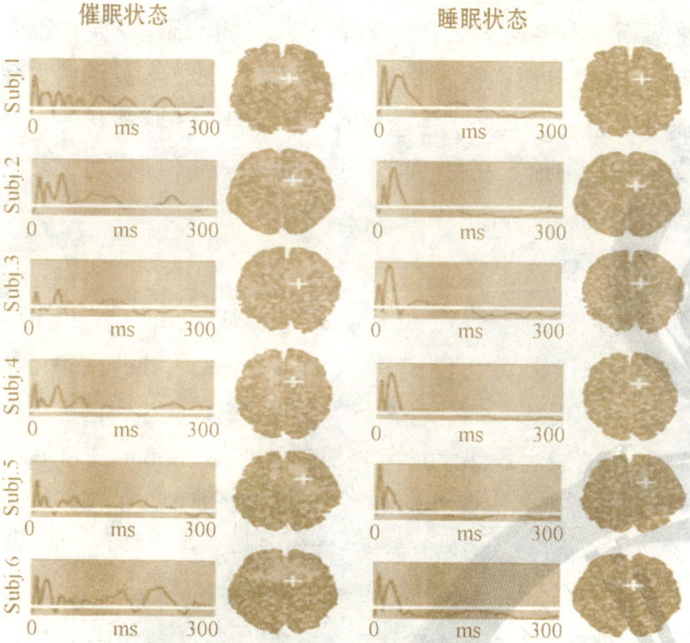

图 1－4　催眠状态与睡眠状态的区别。在睡眠状态下，大脑中神经元的兴奋不能沿着大脑皮层传播。相反，催眠状态下，大脑中仍然存在有效的连接（connectivity），皮层中某一区域的兴奋能够传递到大脑的其他部分。

一般情况下，催眠是在完全自愿的条件下，由催眠专家或医生采用刺激人的视觉、听觉、触觉等方法而引起的睡眠状态。这种睡眠状态与普通睡眠不同，相当于一种梦幻状态或恍惚状态，此时只引起大脑皮层不完全抑制。这时，被催眠者的思想和精力集中到某一点上，难以产生别的思维和感觉，特别容易接受暗示，即预先肯定的某种事实或指令，进而影响被催眠者的行为和感觉，以达到调整机体功能、舒畅情怀、解除病痛等目的。据脑电图分析，催眠处于睡眠与觉醒之间，无怪乎有人称之为梦幻状态。也有人认为，催眠状态犹如聚精会神做某件事的情景。正如哈佛医学院催眠专家弗雷德·H. 弗兰克所说，催眠术只是将人们分散在各处的精力和思想聚集起来，这并不是处于昏迷状态，也不是处于睡眠状态，而只是像当你聚精会神地沉浸在一项工作中或阅读一本小说时，几乎难以听见别人对你所说的话一样。

1.1.2 催眠的特征

美国心理学家西尔格德（Hilgard R.）认为，催眠有以下7个方面的特征：①计划功能低落（subsidence of the planning function）——被催眠后，自主性与行为意念减少，缺乏自己去拟订计划并诉诸实现的意念；②注意力趋个别化（redistribution of the attention）——被催眠者注意力会集中于催眠者，对他人的声音则不作反应；③过去视觉记忆的获得及生产性幻觉的提升（availability of visual memories from the past, and heightened ability for phantasy-production）——催眠状态下，想象活动会更活跃，过去的记忆可以用视觉的心像重现出来，催眠状态下的记忆是再生的（reproductive），视觉记忆的唤起和视觉想象的活动比醒觉状态时更清楚明了；④现实分析能力的减低——催眠状态下，现实性将减低而造成现实扭曲，例如记忆错误、知觉曲解、人格转变等；⑤暗示性接受度增高（increased suggestibility）——催眠诱导的主要基础是暗示，被催眠者的行为大部分是经由催眠者的暗示去行动的；⑥催眠中的角色行为（role behavior）——被催眠者会接纳并扮演催眠者所暗示的角色，例如暗示被催眠者现在是小学生，被催眠者会表现出小学生的模样和语气；⑦催眠状态中经验事件的失忆（amnesia for what transpired within the hypnotic state）——当催眠师暗示被催眠者在醒来后会记不起催眠时的情形时，被催眠者醒后会忘记催眠时的内容。

张春兴也认为，在催眠状态下受催眠者的心理上有下列7个特征：①主动性反应减低；②注意层面趋窄化；③旧记忆还原现象；④知觉扭曲与幻觉；⑤暗示接受性高；⑥催眠中角色扮演；⑦催眠中经验失忆。

日本学者长谷川大还认为，“催眠术”是受术者虚心、老老实实地接受了所信赖的施术者的暗示，并依照其暗示转换精神，然后再把隐藏在人体内的潜意识表达出来，使之成为依其必要拿出来自由活用的钥匙。

1.1.3 催眠术的种类

通过心理暗示，诱导人进入催眠状态的过程中，往往存在实施主体、环境条件、意识状态、空间距离、配合情况、对象多寡等方面的差异，由此构成催眠方法种类上的不同。从催眠的实施主体、环境条件、催眠方式等角度，可作以下几种分类。

（1）按实施主体来分，可分为：①自我催眠，即自己为自己进行催眠的方法；②他人催眠，即由催眠师负责施行的催眠方法。

（2）按暗示传送的媒介来分，可分为：①言语催眠，即运用语言进行暗示的催眠法；②操作催眠，即非言语性的催眠法，它是运用行为、动作、音乐或电流等作为暗示性刺激，达到催眠状态。

（3）按接受暗示的意识状态来分，可分为：①觉醒时催眠，即在意识清醒时进行暗示性催眠；②潜意识主导下催眠，即在进入潜意识状态下进行催眠。

（4）按实施双方配合情况来分，可分为：①合作性催眠，即对自愿或合作者进行催眠；②反抗性催眠，即对不合作者进行催眠。

（5）按暗示传送的距离来分，可分为：①近体催眠，即面对面地对受术者进行催眠；②远离催眠，即施术者与受术者不在同一地点的情况下进行催眠，如电话催眠、书信催眠和遥控催眠等。

(6) 按产生的主观愿望来分，可分为：①自然催眠，即受客观自然条件的影响产生自然的催眠现象，如汽车驾驶员因路况单一而出现的公路催眠等；②人工催眠，由施术者来进行的催眠，即他人催眠。

(7) 按进入催眠的速度来分，可分为：①快速催眠，即在瞬间使受术者进入催眠状态的方法；②慢速催眠，即逐渐使受术者进入催眠状态的方法。

(8) 按同一时间接受催眠的人数来分，可分为：①个别催眠，即施术者对单一受术者进行催眠；②团体催眠，又称小组催眠，即施术者对一个群体同时进行催眠。

(9) 按催眠达到的状态深度来分，可分为：①深度催眠，即受术者达到深层催眠状态，如呈僵直或梦行状态；②中度催眠，即受术者达到中层催眠状态，如呈无力、迷茫状态；③浅度催眠，即受术者进入浅层催眠状态，如呈宁静、肌肉松弛状态。

(10) 按催眠对象和手段来分，可分为：①人的催眠，即使人进入催眠状态的催眠术；②动物催眠，即使动物进入催眠状态的催眠术；③麻醉药物催眠，即应用麻醉药物，如阿米妥钠、硫喷妥钠等麻醉药物，使人进入催眠状态；④非麻醉药物催眠，即用无麻醉作用的药物作为暗示性刺激，以达到催眠的方法，如使用葡萄糖酸钙等药物。

1.2 催眠的状态构成

人的催眠存在各种不同的状态。从进入催眠的深浅程度看，催眠有浅度催眠、中度催眠和深度催眠三种状态。一个完整的催眠通常要经历从浅度催眠到中度催眠，再到深度催眠的过程。但在实践中，依催眠发生的背景和实施条件，催眠的状态构成可能不同。有的催眠过程可能只停留在浅度催眠状态，也有的催眠过程可能经历从浅度催眠到中度催眠的状态，还有的催眠过程则依次从浅度催眠、中度催眠到深度催眠一一经历。

1.2.1 浅度催眠状态

浅度催眠状态是一种浅程度的催眠状态，其主要特征是运动支配。这一状态的实施结果是“观念运动”现象的发生。

“观念引起运动，运动加强观念。”通过暗示适当地加以诱导，观念运动就会加强，同时，也越来越容易施加暗示，出现所谓的“被暗示性的亢进”现象。

浅度催眠状态对受术者的选择性不高，一般的人都能在长则数分钟，短则一分钟内进入这一状态。

浅度的催眠现象我们在平时生活中就可以见到，例如人们称之为“发呆”、“出神”的现象即是如此，少年儿童最多见，这与他们的思想单纯、情感体验缺乏有关。“发呆”产生的原因有两方面：一是忽然被什么事物所吸引；二是自由联想或空想所诱发。儿童“发呆”如不被惊醒而任其发展下去的话，有时容易进入睡眠。成人“发呆”到一定的时间，即使没有其他刺激因素一般都能自然觉醒。这个过程也是一种观念运动的过程。

浅度催眠状态的主要特征是运动支配。在这一时期，催眠师可支配被试的肌肉运动，也可令其产生硬直状态，巴甫洛夫谓之“强直性昏厥”，即“身体的某些部位长期保持着外部力量所造成的姿势”。

这就是说，若被施加一次暗示之后，被暗示性会得到提高。若反复几次，就会出现明显的被暗示性亢进现象，这叫做“等质性亢进”。而被暗示性提高到一定的程度，便可推而广之，对其他暗示也容易接受。例如，对两手合掌放在面前的人暗示说：“把手分开”，他的手便会分开，如把这一暗示反复几次，手分开得更快，出现等质性亢进现象。手分开后接着暗示“手往上举”，尽管这是与先前不同的暗示，也会立即对这一暗示进行反应，轻易地把手向上举起。如果能达到这种程度，让他把举起的手放下，放在膝盖上，或放在膝盖上的手向右移开等都能自由地进行。等质性亢进加以一般化、泛化，对其他的暗示也就容易接受，这种现象叫做暗示性的“异质性亢进”。如出现一般性的被暗示性亢进，就已是一种明显的催眠状态了。

在某种意义上说，观念运动，是从觉醒到催眠的桥梁。即使在觉醒状态下也能通过暗示产生观念运动，而它一旦产生，则通过暗示诱导会越来越强烈，最后进入催眠状态。一般地说，观念运动一旦产生，就已经在一定程度上进入了较浅的催眠状态。随着催眠状态的深入，观念运动更易产生，并会很快到达完全催眠状态。

观念运动阶段有一种被称作“读心术”的实验，这种方法是将手表、钢笔等多样物品散乱地放在桌子上，使两个被试进入到观念运动阶段来进行实验。被试 A 站在桌前，用一只手紧紧地握住被试 B 的手。当被试 B 强烈地想某一物品时，被试 A 的另一只手会迅速伸去抓起那件物品。如能达到使被试 B 精神统一、被试 A 万念俱空的境界，这种实验就比较容易成功。经过几次练习，不少人可以做到。这种实验绝不是纯粹的读心术，而是被试 B 的观念表现为手的运动而为被试 A 所感知，先练习几次，目的是使两人达成一种观念运动的默契，这是暗示的作用，便是催眠状态中感觉过敏的作用。

1.2.2　中度催眠状态

浅度催眠状态之后，如果进一步将其引向深入，就会出现一些特定的生理反常现象，即进入中度催眠状态。其主要特征是感知觉支配。此时，通过暗示能明显地支配感觉。只不过，若不施加任何暗示，在催眠中任何感觉器官都会变得迟钝起来。例如，此时用针刺他的手背皮肤，几乎看不到他有痛苦的表情，手也没有回避性的条件反射。反之，如果暗示感觉器官发挥效力，则感觉马上便会过敏起来。这种感觉过敏的情况一出现，我们就说他已经进入了中度催眠状态。

到了中度催眠状态，通常首先是触觉受支配，引起触觉迟钝。其次是味觉、嗅觉，最后是听觉、视觉。不过，也有不按这一顺序发展的情况，有人能引起幻视，但不会引起触觉异常。

听觉过敏的实验，常有这样的例子，将被试催眠后让他听机械手表的声音，在正常状态下隔 3 ~ 5 厘米远便听不见，而在催眠状态下在相距 2 米远的地方也能听见。

视觉过敏的例子，如选四张扑克牌，红桃或方块，自己看正面，让被试看反面，暗示说“这是红桃”、“这是方块”。然后认真地一张一张抽出，仍旧将牌反着交给他，叫他拿出红桃或方块，他能完全猜中。正常的感觉情况下，扑克牌反面花纹的细微区别是察觉不到的，但在催眠状态下能够看清楚。

触觉过敏的例子，让被试闭着眼睛，把他未曾见过的某人的名片给他，让他通过手的触觉读出来。多数被试都能办到，有时他们摸着光滑的物面也觉刺手。

在中度催眠状态中，这种感觉过敏现象是由于注意力已全都集中于一点所造成的。与此相反，也能通过暗示诱发感觉缺失。例如，一面抚摸他的手，一面暗示皮肤不会产生感觉，以后，用手掐或针刺，他都显出全然不知的样子；触觉、痛觉特别容易引起感觉缺失，不仅对皮肤，对黏膜也是如此，所以通过暗示能立刻消除咽喉部的肿痛。痛觉缺失现象也被应用于外科、牙科手术和分娩之中。

对手术和分娩来说，不仅能通过催眠术使痛觉缺失，且能消除患者的不安情绪，对于这点意义是很重大的。产妇对生产的恐惧和过度紧张，是影响生产过程顺利进行的一个重要因素。它是使生产的时间延长，并加重生产过程中疼痛感的一个主要原因。因为对疼痛的预期，她的注意力集中在对这种疼痛的感觉上，使这种感觉更加敏锐。如能消除这种恐惧，教会产妇适当地放松和控制局部肌肉运动的方法，则可以大大加快生产过程，减轻疼痛感。由于在中度催眠状态中，人的易暗示性会显著提高，感知觉会发生一些奇异的变化，将催眠应用到辅助生产上会产生令人意想不到的效果。

中等催眠状态下的另一个特征就是引起错觉和幻觉。“幻觉”完全是想象的产物，“错觉”是感觉和想象的混合物。催眠状态能够使视、听、味、嗅、触等感觉产生错觉或幻觉。施术者暗示说“我听见了飞机声，请你注意听”。如能听见，则是一种幻听。对闭着眼睛的被试说：“蓝色的大海，海鸥在飞翔，海浪声声。”如能看见海和海鸥，则是一种幻视。这时的幻视近似做梦，但比梦更清晰。如再能听见海浪声，则就形成复合幻觉。如果给被试一根木棍和一张白纸说：“请用这支笔写你的名字。”这种把木棍当笔的现象是一种错觉，而在白纸上并没有写出自己名字却看成写了的现象，则是一种幻视。

对温度的错觉试验，施术者暗示说：“天寒地冻自己光着双脚，站在冰冷的雪地上，真冷啊！”一会儿，他就会面色发白、全身寒战。然后又暗示：“太阳出来了，冰雪消融，太阳光非常温暖地照在身上，你身上越来越暖和。”要不了多长时间，他即面色转红，寒战消失。如再在其手背上放一枚硬币说：“手背上的东西是一枚烧红的硬币，很烫的，受不了啦！”他会急忙将硬币丢开。这个过程中甚至能看见他的手背皮肤发红，有的还会起小水泡。

把水说成酒给他喝下去，这是错味。或将没有气味的木片当成檀香木，或随便说一种气味问其闻到没有。如能闻到，则就是幻嗅。

被试不仅会产生错觉和幻觉，而且能产生与此相应的身体上的变化。有人把水当酒喝了之后脸上会发红，并出现醉样；把水当柠檬苏打水喝了之后，唾液分泌会显著增多。

没有的东西感到有，这是一种幻觉，被称为“正幻觉”。相反，有的东西感到没有，也是一种幻觉，被称为“消极的幻觉”或“负幻觉”，这种消极幻觉只能在较深层的催眠状态下才能被诱发出来，而且以小学生多见。

中度催眠状态的第三个特征就是个性的变换。情感、意志也能支配。催眠状态中，被试几乎没有自发性的精神活动，而处在一种被动的、容易接受他人暗示的精神状态，故自身的意志作用明显减退。

一个人的个性结构是由多种因素作用的结果，主要是由他的遗传和成长环境所决定。对于多年形成的个性，想通过催眠加以全部改变可以说是不可能的。这里所说的个性变换主要是指代表个性的某方面发生变换，如趣味、嗜好、癖性、爱情、厌恶、尊敬、轻蔑等个性的组成是根深蒂固的，催眠术所要改变的仅是其中的一两个组成部分。应该指出的是，这不是人人都能办到的，尽管在催眠状态中可以通过暗示得以改变，但觉醒后多半仍会恢复原来的个性。如果要在觉醒后继续保持效果，一方面要多做几次，另一方面是不能靠简单的暗示来完成，而主要是靠催眠分析，以消除其产生不良个性的原因。通过这种方法就可矫正对食物的好恶，戒烟、戒酒，改变喜、怒、忧、思、悲、恐、惊等情感。

催眠暗示在这个状态中还表现为能增进或减退各种欲望。如抑制饥、渴等感觉以减退吃、喝的欲望，或施加增进食欲的暗示都是很容易的。同时，其效果也能在觉醒后继续保持。特别是当伴有感情兴奋等心理因素时，效果更明显。性欲也能通过催眠状态中用暗示加以促进或抑制，这可被用于性治疗。

本节前面说了中度催眠状态的三个主要特征，通常情况下只要能诱发出其中之一的特征，我们就可判断他进入了中等程度的催眠状态。当然，不是每个人都能全部具备上述特征的，换言之，有些人表现为感知过敏要明显很多（如少年），有的则以个性的变换显著一些（如女性）。可以说，中度催眠状态是最重要的一个状态，90%以上的催眠效果都是在这一状态中进行的。

浅度催眠状态、中度催眠状态是一个渐进的复合的过程。浅度催眠状态的特征在中度催眠状态中几乎都存在，只是比以往的表现更进了一步。不过，对错觉和幻觉以及痛觉缺失等现象，只能在真正进入中度催眠状态以后才能诱发出来，而且对个性的要求也较高。

1.2.3　深度催眠状态

中度催眠状态进一步发展，就会进入深度催眠状态，其主要特征是记忆支配。这时首先出现的一个特征就是“暗示大范围的无感觉”，也就是说除听觉能接受施术者的语言暗示外，其他的感觉几乎全部消失，感觉自己已经从现实之中消失了。我们在中度催眠状态时谈到过感觉异常情况，它的特点是在暗示下表现为局部过敏为主。局部感觉缺失（如痛觉缺失），是通过暗示使意识集中于某一方面时，使本身就已迟钝了的感觉更加迟钝，但绝不会诱发出大范围的无感觉，它是一个单一的过程。只有当催眠渐渐加深以后，我们才能诱发出大范围的感觉缺失，如听觉、温觉、痛觉等消失，这是一个复合的过程。所用的语言暗示也相当简单，用不着每个方面都去暗示它消失，而只要暗示：“你现在对周围发生的一切和你自身的存在都感觉不到了。”就能出现上述情况，而这句暗示如果用在中度催眠状态，一般是发挥不了这么大的作用。因为从生理上说，大脑皮层的抑制过程是逐渐扩散的，当抑制还没有到达其他点时，要暗示那一点所支配的感觉缺失是不可能的。在深度催眠状态下，上述的那句话就能起到一个促进抑制扩散的作用，当经过一定的时间后，自然就会出现大范围无感觉。

被试是否进入记忆支配时期，首先要从记忆丧失开始进行测试。询问其年龄、名字等最熟悉的事，如果回忆不起来，接着再进行记忆亢进测试，记忆一旦受到支配，就能引起退行变换。最深的催眠状态能诱发出梦游式的行为，但能达到这种程度的人不多，大约有20%左右。

深度催眠状态的第二个特征就是记忆在暗示下发生变化。在浅度催眠状态下，记忆的活动是一直存在的，无论在催眠时让其回忆往事还是觉醒后回忆催眠中所发生的一切，都与清醒时一样。各种实验结果表明，只要不另外施加暗示，浅度催眠状态与觉醒时的记忆力差别不大。

不过，进入一定的催眠深度后，记忆的情况就发生了变化。一方面是暗示使他的注意力集中后，对当时记忆的能力或回忆往事的能力会明显提高。例如，对于一些英语单词或一百首诗之类，以往要反复几次才能记住，而这时只需看一两次就能记下来，并且觉醒后也不会忘记。催眠时不会像觉醒时那样产生杂念和相反的观念，而且没有各种刺激妨碍注意力的集中，因此回忆往事的能力也就能相应提高，以至于平时已忘却的很多情景，在这一状态中，经暗示诱导都能一一想起。另一方面的变化就是消失。即催眠中发生的事多半会忘却。接近觉醒时发生的事情被试虽然能记得，但以后的话几乎想不起来，即使有，也只是一鳞半爪。所以国外有利用催眠术的记忆消失进行不法活动的例子。谋取他人财物后又通过暗示，将这段记忆从他大脑中抹去，其觉醒后就像什么事情也没有发生那样。

当然，这也不是绝对的，我们在下次催眠时又能够使其很容易地回忆起来，有时即使不是在催眠中，也会在觉醒后的一段时间突然回忆起来。有的在觉醒状态下，只要把手放在前额上反复暗示说：“这样能回忆起来。”结果真的能想起催眠中发生的一切。弗洛伊德开始建立精神分析的自由联想时，就是把手放在前额上的。这大概是由于他在法国学习催眠术时看到过这种方法的缘故。

深度催眠状态的第三个特征是退行。确切地说，就是“年龄缩小”，退回到儿童，甚至幼儿时期。此时对被试暗示说：“我数到1、2、3，你就回到7岁的儿童时期了。”被试便会表现出7岁的神态，以后诱发出的语言、腔调、行为等都与被暗示的年龄一致。智力也会退行到这一年龄，对那时的很多言行都能清楚地回忆起来，这对实施精神分析疗法有很大的帮助。像这种年龄缩小的现象，有的是一种真的“退行”，有的则是一种“角色扮演”，并不是真的回到了童年。例如，让一位45岁的女性退行到5岁，叫她唱首幼儿园时的歌，她唱的却是“世上只有妈妈好”。而在她幼儿时期当然没有这支歌曲，这只不过是在她潜意识中采取了她认为同那种年龄相称的举动罢了。至于说到“年龄加大”的现象，则很明显是一种“角色扮演”。因为老年是自己想象出来的，带有对生活现实经验的创造性发挥，而童年才是亲身经历过的事，它可表现为一种再现的过程。

对于人格变换，在催眠术表演中，对受术者说“你变成了狗”，让其在地上爬行；说“你变成了鸟”，让他在天上飞。这样使其人格变成其他动物，达到“梦游式的催眠状态”。曾有资料介绍一个非常有趣的案例：一成年男子一段时间以来，一直感觉身后有条大黑狗在追他，这对他造成了很大的困扰。他经过多次咨询，找到一催眠师，在催眠分析过程中，发现他在少年时曾看过一次催眠表演，并被选为被试在台上表演，当时催眠师在给他催眠后，暗示他身后有一条大黑狗在追他，他在舞台上到处乱跑，事后，催眠师没有再给他取消在催眠状态中的暗示指令。经过十多年的时间，他对这件事已经遗忘，成年后，一次在他回农村老家时，被一老乡家的狗追咬后便开始出现这种感觉。经催眠师催眠使他重新回忆起这段往事，并经催眠师在催眠状态中为他取消掉当年的暗示指令后，症状才从此消失。

深度催眠状态的最后一个特征是表现为“梦游式”的言行，也可以说是最深层的状态。其特点是：完全催眠后健忘；在催眠状态下睁眼；异常的催眠后暗示；催眠后的阳性幻觉；催眠后的阴性幻觉等。

1.3 催眠术的发展简史

催眠术有着古老的过去，但只有年幼的历史。它孕育于古代东方文明，却诞生自西方的科学探索之手。在经过了西方多位精神科大师的应用和发展之后，催眠术已经成为一门科学。但催眠术从诞生起就招致非议和滥用，在神秘的气氛中发展，并不断遭遇误解。

翻阅历史，可清晰地看到催眠术的发展与沿革具有鲜明的阶段性和连续性。催眠术发展与沿革的阶段性，表现为催眠术的发展与沿革可分为内容与水平迥异的5个阶段。这5个阶段分别是神权时代、动物磁气说时代、生理学与心理学解释时代、百家争鸣时代、实验室研究与实际应用时代。催眠术发展与沿革的连续性，表现为催眠术各个发展阶段之间存在明显的相互影响与关联。导致催眠术发展与沿革呈现阶段性与连续性变化的原因，一方面是受社会政治、经济和文化因素的影响，另一方面则受人类自身认识发展规律所制约。可以说，人类关于催眠术，尤其是关于催眠术本质的认识所呈现出的阶段性和连续性特征，昭示着催眠术发展与沿革的历程。

1.3.1 神权时代的催眠术

所谓神权时代，指的是以神学立场与观点解释一切社会和自然现象，强调神的力量支配一切的年代，如人类远古蒙昧时期、欧洲中世纪时期。相关记载表明，远在神权时代，催眠术便被人们发现并应用着。虽然当时并没有催眠术的称谓，包括施术者和受术者也不明白其中的道理，但这些并不妨碍当时的人们使用催眠术。古代文献中有最早关于催眠术的文字记录，4 000 多年前，一位叫王泰的中医始祖曾经把言语作为治疗病痛的工具。公元前 1552 年，有一位古埃及的医生将手放在病人的额头，声称具有超自然的治疗功效，他发出奇怪的言语和暗示，而这的确具有治疗效果。古埃及国王庇鲁赫思、法国的弗朗西斯一世都曾用过这种治疗方法。我国周穆王时期，就有方士可投身水火、移动贯穿金石，被视为神人。

在神权时代，催眠术主要被僧侣和神职人员用来从事宗教和治疗活动。公元前 1500 年左右，古罗马的僧侣就会用自我催眠的办法来替人占卜、治病；古老佛教的“坐禅”和印度婆罗门教的“打坐”，实际上也是催眠术的运用。

图 1－5 在古代，暗示催眠术被认为是一种有效的非药物治疗手段。

在宗教图书《使徒行传》中提到这样一位传道者，他可以通过凝视另一人的眼睛来治病。“这病人正在聆听保罗的讲话，同时保罗也在注视着他。保罗看出病人对治疗很有信心，于是就响亮地说：‘站直走。’于是那病人跳起来并开始行走。”

在神权时代，僧侣和神职人员包揽了催眠术的使用权：他们用神的意志和力量来解释催眠术，并以神的代言人和化身自居；他们利用奇妙的催眠术布教、占卜和治疗疾病，享受着催眠术给他们带来的特权和利益，使这一时期的催眠术活动，呈现出浓厚的神学色彩。

1.3.2 动物磁气说时代的催眠术

催眠术虽然古已有之，但真正使催眠术走上现代科学之路，要归功于欧洲一位叫麦斯默（Mesmer）的医生。200 多年前，毕业于维也纳大学的奥地利医生麦斯默公开使用“麦斯默术”治病，他因此被学术界称为催眠术的鼻祖。

图 1－6　麦斯默是把催眠术引入现代社会，并使之摆脱神学桎梏的第一人。他手执的那根金属棒能将神奇的“磁气”传到病人身上，具有“气到病除”之功效。

奥地利人麦斯默（1734—1815）是把古老的催眠术引入现代社会，并使之摆脱神学桎梏的人。麦斯默年轻时研习过神学、哲学、法学，最后致力于医学，并获得了医学博士的头衔。麦斯默吸收当时流行的“动物磁气说”思想，设计制作了一种叫做“通磁术”或“麦斯默术”（Mesmerism）的装置，先后在当时的维也纳和巴黎等地，为病人治疗疾病，并取得了显著的疗效，赢得了患者广泛的赞誉。“动物磁气说”是麦斯默所处时代颇为流行的一种占星术理论。这种理论认为：在天体、人体和其他各种物体内部都蕴涵着一种被称为“磁气”的东西，这种“磁气”可在各种物质之间流动与交换。对于人类而言，人们不仅需要来自食物的营养，亦需要来自天体和其他物体“磁气”的营养，以保持自己体内磁气的平衡，从而避免疾病的发生。有些人之所以生病，是由于其体内的“磁气”不足或不平衡的缘故，要治好他的疾病，就要给他补充磁气或设法使其体内的磁气保持平衡。基于这一观点，麦斯默设计了著名的“磁气桶”装置，并将其作为向病人输送磁气和治疗疾病的工具。治疗时，病人围坐在磁气桶的四周，手握铁丝或通过绳子与衣带和铁丝相连，眼睛则盯着木桶中央的金属棒，在麦斯默的指示下，端坐少动、闭目静息；麦斯默本人则穿着特制的服装，和着隔壁房间奏出的单调的音乐，用手中的金属棒或手触摸病人的患处，以将磁气传送给病人。这样，随着磁桶和麦斯默身上的“磁气”向病人身体的输入，有的患者竟奇迹般地痊愈了。麦斯默用“通磁术”给病人治病，取得了极好的疗效，也给他本人带来了极高的荣誉。但他所主张的“磁气”，却遭到了同行和许多权贵的怀疑与指责，并一度被贬为邪术。1784 年，由当时的巴黎市政府下令成立了一个调查委员会。委员会要求麦斯默当众“磁化”一杯水，然后让一个妇女喝下杯子里的水，但她没有表现出典型的恍惚状态。于是委员会宣布：麦斯默的磁气桶装置是没有科学依据的，根本不可能产生什么磁气，即使改用其他器具，也可以使病人呈现出与接触磁气桶产生一样的状态。病人疾病得以痊愈，并不是磁气作用的结果，而是病人满怀期待和精神力量作用的结果。据此，当时巴黎的统治者宣布："通磁术"是一种骗术，麦斯默则被视为不受欢迎的人被逐出巴黎。麦斯默用作治病的"通磁术"和所坚持的主张，虽然有失偏颇，并因此遭到贬责和攻击，但他用假想的物质"磁气"而不是用"神"来解释催眠现象，却具有划时代的意义，对后来催眠术的发展产生了积极的影响。麦斯默之后，"通磁术"在德国、英国、俄国，甚至全欧洲继续得以传播和运用，其中，德国还一度成为"动物磁气说"的研究中心。只是这时的催眠术依然没有脱离麦斯默的窠臼。直到19世纪40年代，随着催眠术的生理学和心理学解释的出现，催眠术的发展与沿革，才出现了质的飞跃。

1.3.3 生理学与心理学解释时代的催眠术

自19世纪后期以来，催眠术已不再被视为江湖骗术，而被认为是一种有效的心理治疗手段。科学家们对之进行了广泛而深入的研究，在心理治疗和外科、妇科手术中以及其他领域内它都得到了应用。

布莱德（Braid）是使催眠术的疗效重新得到世人关注的重要人物。他提出的"视神经疲劳说"给了人们从生理学的角度解释催眠过程中所发生的部分现象。布莱德（1795—1860）是19世纪英国苏格兰地区著名的外科医生，因其在催眠术发展史上的作用与贡献被誉为现代催眠术的创造者。布莱德本来具有动物磁气术方面的知识，但并不痴迷。直到1841年11月，瑞士磁气术专家拉夫典到英国作巡回表演并引起轰动以后，才激发了布莱德研究催眠术以期证其真伪的愿望。布莱德集合自己的家人，多次进行了磁气术实验。他用一个盛满了水的玻璃瓶，放在被试的面前，叫他专心凝视，不久，就发现被试合目入睡，所发生的状态与通磁术中被试呈现的状态相同。经过反复试验观察，他发现被试的眼睛总是紧闭不能睁开的。这一现象引起了他的注意，他据此推断，这种闭目现象，是由于视神经的疲劳引起的，是人为的睡眠，与那种看不见摸不着的“磁气”并无任何关联。于是布莱德在基于自己研究与观察的基础上，对麦斯默的“磁气”进行了批评和揭露，并适时地提出了他自己所主张的“视神经疲劳说”。布莱德的“视神经疲劳说”开了用生理学观点解释催眠术本质的先河，为某些催眠方法和技术的使用提供了理论上的支持。1843 年布莱德的《神经催眠术》一书出版了，在书中，布莱德重点阐述了以下几个方面的观点：

（1）催眠状态可分为浅度、深度和昏睡三种状态。

（2）在催眠过程中，被试的听觉、触觉和嗅觉最为敏锐。

（3）催眠师的指示，能引起被试感觉和随意运动的变化。

在布莱德之前，并无催眠术一词，布莱德结合自己主张的催眠，即睡眠的观点，借用希腊语 Hypnos（睡眠之意）的含义，造了一个名词 Hypnotism，直译出来，就是现在被人们广泛使用的“催眠术”一词。Hypnos 是希腊文，起源于 4 800 多年前古希腊神话中的第三代主管“快乐与自在”的“睡神”，也代表最基本的生理元素之一“睡眠”，因为能够安稳睡觉的人才是真正快乐与自在的，不能睡觉的人是痛苦或即将面临死亡的人，所以，Hypnos 也被称为“睡神”。这或许也是人们对催眠误解的原因之一，误认为催眠就等于是睡眠。其实催眠和睡眠除了脑电波类似之外，可以说是风马牛不相及的事。

自麦斯默在巴黎被驱逐后，法国的催眠术研究一直处于低潮期，直到 19 世纪中叶，南锡学派的出现，法国的催眠术研究才又兴盛起来。南锡学派是对当时在法国南锡（Nncy）市郊行医和从事催眠治疗与研究的人的总称。南锡派的代表人物是临床医生李厄保（Liebeault，1823—1904）和南锡大学心理学教授博恩海姆（Bernhein，1831—1919）。同时代的稍早一些时候，法国神经科专家查科特的学生皮尔进一步发展了催眠术，他认为，人为产生的状态是一种游离的状态，其中一部分思想完全独立地工作。李厄保和博恩海姆首次认为，催眠从根本上来说属于心理问题，催眠术是有疗效的。这两人均擅长用催眠术给病人治病，但是他们对催眠术的解释却与布莱德的“视神经疲劳说”不同。他们主张“暗示说”，认为催眠现象是被试接受施术者的暗示而发生的一种现象，是一种念动现象。在实际的催眠治疗过程中，他们不采用布莱德让病人“凝视”的催眠方法，而采用言语暗示诱导的方法，便可使病人进入催眠状态。南锡派的“暗示说”对催眠术作了心理学方面的解释，在揭示催眠术的心理机制方面，“暗示说”的作用与地位极为重要，时至今日，相当多的人仍这样认为：催眠术就是暗示术。

1.3.4 百家争鸣时代的催眠术

用“百家争鸣”来说明催眠术发展与沿革的一个时代，意思是说在催眠术发展史上，存在一个多种催眠术理论先后涌现、有影响的催眠师辈出的发展阶段。这一阶段始于布莱德“视神经疲劳说”的提出，止于催眠术在美国进入实验室研究。这一时期有影响的催眠术理论和代表人物如下：

1. 查科特（Charcot，1825—1893）的“歇斯底里说”

到了19世纪70年代，也就是催眠术在法国被取缔100年之后，巴黎出现了一位非常有名的精神科医生查科特，他被誉为现代神经病学的创始人。查科特是与博恩海姆同时期的法国著名的精神科医生，他提出了催眠的“歇斯底里说”，史称巴黎学派。查科特曾在12位癔症患者身上做催眠试验，结果发现催眠术是病理性神经活动的产物，是人为地诱发被试的歇斯底里（癔症）发作状态。查科特由此得出结论：催眠只适用于神经过敏和精神不平衡的人。然而，正常人也能被催眠的实例轻易就推翻了他的结论。无疑，查科特的观点遭到了人们的批评。南锡大学心理学教授博恩海姆认为，催眠是暗示的结果，催眠依赖于暗示，而暗示是普遍的心理现象，所以催眠不是病症。导致查科特得出如此结论的一个重要的原因是，他的被试几乎都是患有癔症的女性。

2. 弗洛伊德（Freud，1856—1939）的“催眠分析说”

百家争鸣的时代造就了精神分析学大师弗洛伊德。弗洛伊德曾先后师从查科特和博恩海姆学习催眠术，是查科特教授在巴黎最好的学生之一。他利用催眠术帮助患者回忆遗忘的童年经历和被压抑的动机冲突，人们称之为“催眠分析”。他在维也纳开了一间心理诊所，同时开始着迷于催眠术研究，并在治愈了几个罕见的病例后声名鹊起，其中的一例就是艾米夫人。

图 1－7　弗洛伊德在查科特医生的指导下，熟练掌握了催眠术。图中那位妇女——艾米夫人正在接受弗洛伊德的催眠治疗。

艾米夫人在丈夫死后患上各种各样的精神病症。弗洛伊德开始用的是催眠暗示治疗艾米夫人，在催眠状态下与艾米夫人谈话，引出了艾米夫人一连串的童年经历。在弗洛伊德的暗示下，艾米夫人说出了一个又一个引起她恐惧的事件源头，症状随即好转。

弗洛伊德通过治疗发现了存在于艾米夫人身上的两个自我，即人们今天所说的公开的意识和隐藏的潜意识，在弗洛伊德这项最伟大的发现之中，催眠术给了他最大的启迪。但弗洛伊德最终弃用了催眠术，原因是弗洛伊德发现有很多人难以进入催眠状态。某些进入催眠状态的妇女，则常把催眠师作为移情的对象，甚至期望与催眠师发生身体上的接触，这也是弗洛伊德放弃催眠术的原因之一。

有英国学者认为精神分析和催眠术有直接的血缘关系，弗洛伊德的理论假设都是基于催眠术而提出来的。事实上，弗洛伊德一直在使用催眠术，只是他所用的诱导方式不同，弗洛伊德曾经说过，精神分析不过是一种暗示。

3. 迈克多高尔（Mcdougall，1871—1938）的“脑部缺血说”

迈克多高尔，英国心理学家，策动心理学创始人，心理本能主义观的倡导者。迈克多高尔认为：催眠现象是被试脑部缺血造成的。催眠过程中，当被试被要求静息和少动的时候，脑部的血液因流向四肢而减少，进而导致眩晕状态的出现，并因此诱发催眠现象，显然迈克多高尔对催眠术作了纯生理学的解释。

4. 巴甫洛夫的条件反射说

巴甫洛夫认为：催眠同于睡眠，是一种条件反射。当被试置身于与睡眠相似的情境之中，或者受到类似刺激时，就会出现与睡眠类似的反应。巴甫洛夫还认为：催眠过程中，被试的高级神经中枢呈现一种选择性抑制状态，而不像睡眠那样呈现一种弥漫性抑制状态，这也是为什么在催眠状态下，被试能与现实进行交流，而在睡眠状态下，被试却不能与现实交流的原因。

1.3.5 实验研究和实际应用时代的催眠术

在美国，大约从二十世纪二三十年代起，催眠术就进入实验室研究阶段。在迈克多高尔的指导下，杨格（Young）于1923年完成了首次催眠实验。此后，欧美和日本的许多大学都陆续成立了催眠研究室。研究者们试图利用现代科学技术手段，对催眠术与催眠现象的机理进行深入的探索。尽管对催眠现象的机理迄今为止还没有一个能够量化的、具有充分依据的统一解释，但研究者们根据各自的实践与实验提出了不少见解。这当中有些存在偏颇之处，但也不乏真知灼见。有关催眠术的专著纷纷出版，仅美国就出版了几十种。据美国催眠术的权威人物莱斯利·勒克龙介绍，比较好的著作有勒克龙和波尔多合著的《今日催眠术》；库克和范福格特合著，洛杉矶博登出版社出版的《催眠术手册》；魏岑霍串著，纽约格伦与斯特拉顿出版社出版的《催眠术常用技巧》。在其他国家中也有不少值得一读的催眠术专著。1930 年，美国耶鲁大学心理学家霍尔（Hull，1884—1952）出版了《催眠术与暗示》一书，书中列举了 102 个有价值的研究课题。该书的出版，标志着美国成了科学催眠术的研究中心。根据相关资料显示，在当时，美国的实验室中得到研究的课题有如下几种：

（1）被催眠的人是否会伤害自己或他人研究。

（2）催眠术的退行作用及表现研究。

（3）催眠麻醉现象及其本质研究。

（4）个性品质与易催眠性关系研究。

（5）催眠术对健忘症的治疗作用研究。

（6）催眠术原理研究。

（7）后催眠效应研究。

（8）催眠术适用领域研究。

同时，在西方、日本和俄罗斯都普遍建立了催眠术的研究组织。例如，法国建立了两个催眠术研究中心；在美国，有两个全国性的催眠术协会，即“临床与实验催眠术协会”和“美国临床催眠术协会”，拥有 4 000 多名会员，还有大约 1.5 万 ~2 万名内科医生和心理医生接受过催眠术的训练；日本、澳大利亚和俄罗斯也有名称各异但实质相同的催眠术组织。这些组织既起到了推动催眠术工作者进行培训和交流经验的作用，同时也起到了管理和约束的作用。

一门学科是否具有强大的生命力，在很大程度上取决于是否具有实用性，是否能为社会服务。催眠术之所以逐渐获得人们的认可，是与它的实用性分不开的。催眠术作为一门技术科学的应用，最早表现在临床医学领域。但催眠术成为临床医学界的热门话题，是在第二次世界大战以后，这时的催眠术除了被应用于治疗精神疾病之外，还与传统医疗配合，被广泛应用于内科、妇产科、皮肤科、麻醉科、牙科等方面，甚至用于侦破领域、戒除瘾症上（协助戒烟戒毒），并被证实有效。

在麻醉药发明之前，催眠曾经作为麻醉手段让病人减少痛苦。在妇产科和牙科方面的最大作用就是无痛分娩和无痛拔牙。在催眠状态下，人的感觉被转移，忽视了疼痛的存在。

将催眠术应用在临床医学上是 1955 年由英国医学协会开始的，紧接着，1958 年美国医学协会、牙科学会也开始将催眠术应用到临床上，并设立了实验催眠学和临床催眠学的资格考试。今天，世界催眠组织已经统一了催眠师应有的准则与操作原则，美国心理学会对催眠师的资格申请也作了非常严格的限制，通过者寥寥无几。现在，催眠术不仅在传统的心理治疗和镇痛、麻醉方面继续发挥着其独特的作用，而且在其他领域内也逐渐显示出它奇特的功能。例

图 1－8　20 世纪中期以来，催眠术在西方国家空前盛行。图中展示的是一场成功的催眠表演。

如，在学习和潜能开发方面已初见成效，对增进人的记忆力、挖掘人的创造力方面都具有令人惊异的效能。在体育方面的运用也非鲜见，从消除疲劳、增强自信，从克服紧张情绪到增进技能、体能，催眠术都可以起作用。目前，催眠术的应用范围还在进一步扩大。

1.3.6 一股奇怪的催眠热潮

1956 年，美国一位业余研究催眠现象者伯恩斯坦（Bernstein）推出了《寻找布莱蒂·墨菲》（*The Search for Bridey Murphy*）一书，并在报刊上连载。此书主要叙述了催眠术，并引用了一个典型的例子，通过催眠术中年龄退行的方法诱发受术者回忆起自己的前世，把病人引回到前世以至更久远年代的记忆中。在后来的考证中发现，受术者的回忆极其可信。

伯恩斯坦对美国社交界 28 岁名媛鲁斯·西蒙斯施行了年龄退行的催眠术，西蒙斯自言自语地说自己生于 1798 年爱尔兰的克谷，她叫布莱蒂·墨菲，父亲是律师，名叫单肯·玛菲，母亲是凯斯琳，哥哥是单肯，弟弟在她四岁时就死了。她后来嫁到伯而浮士德街，丈夫叫约瑟夫·马加西，任教于克因斯大学。她说出了结婚当天花马车经过的地方、结婚典礼的情况、当时的风俗习惯、当时钱币的种类，爱尔兰古老的祈祷习惯、老歌、昔日的方言等。前后 6 次试验，西蒙斯都说了同样具体的话。她说的那些情况存在于 100 多年前的爱尔兰，而她出生在美国，一次也没去过爱尔兰。后来爱尔兰组织了调查委员会，调查结果是：很多的人名、地名、烟草公司、方言、风俗习惯等，皆相符合。于是舆论大哗，美国与加拿大的 30 多种报纸都对调查的结果作了详细报道。

自此以后，催眠术和转世轮回的研究遂成为当时全美的风向。后来又陆续出现了多起经由催眠产生的对前世的回忆，转世轮回的可能性成为热门话题。20 世纪 60 年代后，《寻找布莱蒂·墨菲》掀起世界性的催眠术热潮。

1.3.7 科学的催眠术在中国

在我国，作为一门实验技术科学的催眠术是由留日学者鲍芳洲博士在1917年正式传入的。同年，他还在上海创办了中国第一所精神病医院。一时莘莘学子云集响应，徐鼎铭便是其中之一。徐鼎铭的基本施术方法是这样的：他站在受术者面前，要求受术者两臂平举。然后，徐先生口中念念有词，以集中自身的注意力，并用手掌在离受术者身体半尺远的地方进行“离抚”，抚摸的部位是由额部向两颞，再往身后、两肩直到手指尖，如此做数次“离抚”后，施术者的声音或高或低，高时受术者的两臂像触电般地剧烈震动；低时受术者的两臂自然松懈，二者之间发生强烈的互感效应。突然，徐先生大喝一声，受术者的一切动作即刻停止，状如入定。不言而喻，受术者已进入了较深的催眠状态。这时，通过言语暗示，或表演、治病、开发潜能，都可随心所欲。

在论及催眠原理和催眠方法时，徐鼎铭先生指出，施术者可以选择的催眠方法多种多样，由其能力与修养而定。但施术成功的主要秘诀在于要能够灵活运用“语言”这一重要的工具。他认为，语言对于人类来说，是一种现实的条件刺激物。因为语言是人们在日常生活中彼此交流思想、观念的工具，是成年人过去生活全部经验的积累。人们通过语言，不断把外来的刺激与内部的反应镂刻在他们的意识之中，所以，施术者就可以利用语言的刺激来引发受术者生理及心理的反应。这一番话，实在是深得催眠术的个中三昧。

1949年以后，由于政治上的种种原因，催眠术在我国长期得不到应有的承认。中国内地几乎没有有关催眠术的专著发表。直到改革开放之后，才开始有一些翻译的和自己撰写的催眠术著作问世，并逐渐被应用在临床医学、心理咨询、教育、体育培训、语言学习等方面。随着心理学研究的不断深化和提高，催眠术作为心理治疗与人的潜能开发技术，近几年也引起了我国心理学界、医学界和体育界等的重视，同时也受到其他各界的关注，对它的研究越来越深入，应用越来越广泛，催眠术获得了新生。不过就总体而言，在中国内地到目前为止尚处于起步阶段。

在台湾、香港地区，运用催眠术探索人的早期记忆的实践活动层出不穷，如有所谓探索前世的催眠术也曾流行，并出现了一些有名的催眠师，开设心理催眠诊所，甚至还像学英语一样成立培训中心，教授催眠课程。据有关资料显示，台湾每年学习催眠术的学员有2 000多人，催眠已经和心理治疗、SPA等混在一起，成为解决心理问题的手段之一。

催眠术发展到今天，早已进入了实际应用的阶段。心理学家发现催眠术是打开人们心扉的钥匙，它能给人以智慧和启迪。而最主要的是，催眠术作为一种潜能开发与心理治疗技术，能使人的潜能得到充分发挥，使许多疑难怪症康复如初，使焦虑忧郁的情绪瞬间即逝，从而使人的价值得到体现，并体验到人生的温馨与乐趣。现在，人们在医学、教育、科学、军事、司法和个人生活领域等方面广泛开展催眠术的研究和应用工作，使催眠术这一古老的文化现象焕发出青春的光彩。随着现代科学技术的发展，人们对它的研究越来越深入，应用越来越广泛，催眠术必将迎来更加美好的未来。

思考与练习

1. 你是怎样理解催眠术的？人为什么能被催眠？
2. 你认为催眠术有何用处？

第2章　催眠术的理论基础

本章要点

1. 探讨催眠的生理机制和心理机制。
2. 分析影响催眠可能性的个人因素。
3. 阐述心理暗示的特点、种类和作用。

催眠是如何发生的？基于不同的观察角度，人们对它的看法可能不一。但若从可重复性或者可验证性的角度看，可以肯定地说，催眠是个体脑神经生理、心理同内外部刺激相互作用的结果。大量的催眠实验与实践证明，催眠依赖于个体脑神经系统的生理特性，也与个体的心理特征密切相关。本章将择要介绍研究者们在探讨催眠发生的生理、心理机制方面的成果。

2.1　催眠的生理机制

催眠的产生以神经生理发展为基础，它是个体脑神经系统发展到一定水平后所具有的特定生理属性。也就是说，催眠是通过人或动物的脑神经系统对刺激诱导做出反应而产生的一种现象。

2.1.1　催眠是条件反射作用的结果

俄国著名的生理学家巴甫洛夫通过大量实验研究证实，催眠是人脑的一种条件反射作用。巴甫洛夫从动物实验着手研究了催眠的发生，结果发现：重复使用强的刺激，催眠发生得很快；当单调而持久地重复使用弱的和中等的刺激时，催眠状态发生得比较缓慢。这些强的和弱的刺激物，可以用一些与它有条件关系的其他刺激作为信号，形成与睡眠相联系的条件刺激物。例如，如果给关在实验室的狗呈现一种单调重复的刺激，狗即会逐渐入睡或出现四肢僵直。

巴甫洛夫及其追随者又从以人作被试的催眠实验中发现，通过催眠中的言语暗示，可以系统地改变条件反射与非条件反射，也可以单独地消除一种反射，并且脑活动有相应的变化。这说明，对于人类，除了可应用类似于动物的刺激物外，还可以反复使用一些引起生理催眠现象的词句，这些词句实质上就是条件刺激。不仅如此，凡是过去与催眠状态曾经发生过密切联系的刺激物，无论是强的还是弱的，是语词性的还是物理性的，都可以作为催眠时的刺激物而起作用，并且运用的次数越多，奏效也就会越迅速。由此，巴甫洛夫认为催眠现象的本质是以条件反射为基础的。

图 2－1　巴甫洛夫

巴甫洛夫的研究还揭示，催眠语作为一种与睡眠有关的条件刺激，能使大脑皮层产生选择性抑制，也就是从清醒到睡眠的过渡状态或催眠状态。抑制过程是普通睡眠的基础，同样也是催眠现象的基础。从这一点来看，催眠与睡眠并无本质区别，只不过催眠是部分的、不完全的睡眠。当然，催眠状态与睡眠毕竟不是一回事，它们的不同之处还是十分明显的。具体来说，沉睡状态下的人，通常是不会感受到外界任何声音的，若能感应则表明不处于沉睡状态。而处于催眠状态下的人们，尽管可以对外界刺激不发生反应、不了解自己身处何地、不能回答除催眠师外其他任何人的问题，但对催眠师的一切表示，特别是言语暗示却极为敏感。不过，被催眠者只能听到催眠师的声音，回答催眠师的问题。被催眠者与催眠师的这种特殊关系被称为“感应关系”，这种作用则称为“感应作用”。这样一来，催眠师就成了被催眠者与外部环境之间唯一的中介者。这种孤立的、独一无二的感应作用是催眠状态与睡眠状态的主要区别。

巴甫洛夫认为：由于催眠只是不完全的、带有部分觉醒的睡眠。因此在催眠时，大脑皮层并不是处于完全的抑制状态，而一部分仍然在活动着和觉醒着，即所谓的“警戒点”。除了这一高度集中的警戒点以外，被催眠者的意识与外部环境是隔绝的。催眠师只有通过警戒点才能与被催眠者保持联系。这就是被催眠者与催眠师保持感应关系以及发生感应作用的生理基础。

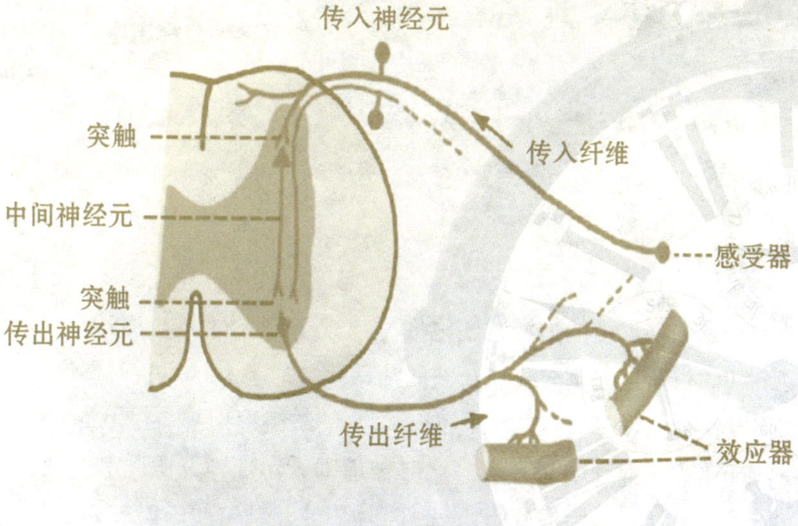

图2-2　神经系统的连接机制

2.1.2　催眠是大脑生物电活动的结果

前苏联生理学家涅甫斯基以正常人为被试，进行了催眠状态下大脑生物电活动的研究。结果发现：在催眠状态发生以前，被试的脑电图为有规则的、低幅高频的 α 波与频率、波幅均正常的 β 波；当被试进入浅度催眠状态并闭上眼睛以后，脑电图上出现了 α 波的均等状态，低振幅的 α 波增高，高振幅的则略为降低或不变，但大的波度则变平。这种在催眠时脑生物电活动的初期变化，我们称之为节律均等相。

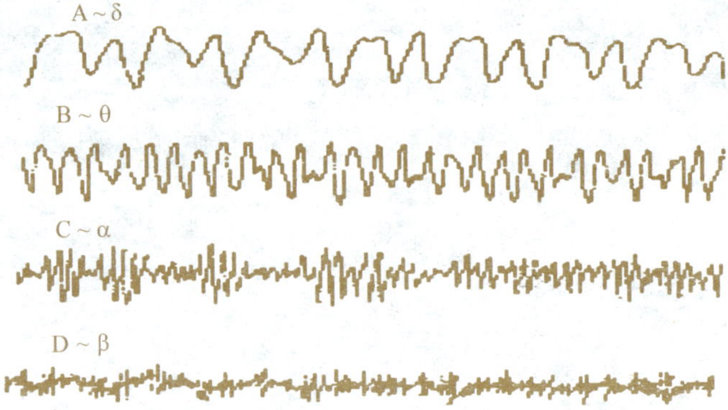

A ~ δ : 0.5 ~ 3.5 周 / 秒　　B ~ θ : 4 ~ 7 周 / 秒
C ~ α : 8 ~ 14 周 / 秒　　D ~ β : 14 ~ 30 周 / 秒

图 2－3　四种脑电图的波形

随着催眠程度的加深，脑电图上出现了以 α 纺锤相为特点的脑电活动的较大变化。α 波和 β 波的活动性被抑制了，θ 波成簇地呈纺锤形，开始密而高，然后疏而低。α 波呈纺锤形出现持续 0.5 ~ 1.5 秒，并以节律抑制期交替着。这时被催眠者不能睁开眼睛和进行随意运动。另外，纺锤形 α 波的压抑和消失同时伴有 β 律的减弱，这些都表明催眠状态已达到较深的阶段。

由于催眠状态的继续深入，脑生物电活动愈降低，α 律消失，β 律减弱，脑生物电曲线急剧降低，我们称之为最小电活动相。

随着脑电图的 α 律与 β 律的消失，在催眠的最深阶段，脑电图上出现了频率为4～7赫兹的θ波。被催眠者在最小电活动相或θ波相中所引起的梦行性暗示体验，通常伴有部分的或完全的遗忘症。必须注意，在催眠状态的这一时期，言语暗示和直接刺激物引起了θ律的恢复和加强。这一状况可能是催眠的梦行阶段。大脑对落在大脑半球皮层上刺激物的生物电反应，在暗示和与之有关的梦行性体验消除几秒钟至几分钟以后，脑电图上重新出现脑电活动的降低。

当被催眠者恢复觉醒状态后，脑电图上原有的电波消失了，出现了和催眠前一样的α律和β律。

总之，通过脑电活动记录可以研究大脑皮质的机能状态；脑电波的变化，成为人是否处于催眠状态及其深度的客观指标。此外，在进入催眠状态时，大脑皮层中抑制的强度和广度反映在电振动频率和波幅的一定变化上，确立了一个重要的事实，即催眠状态中言语暗示的作用和催眠状态本身，在大脑皮层上引起了复杂的电生理的和生物化学的变化。

2.1.3 催眠是脑神经组织生理的变化

美国神经生理学家詹姆斯（James Braid）等通过实验研究揭示，经由刺激（如语言）诱导引起的催眠是一种人体组织上的神经变化。根据美国《临床催眠年刊》上刊登的有关催眠与睡眠文章的介绍，研究者在实验中观察到，当人进入催眠状态时，流到大脑血管的血液没有发生变化，而进入自然的睡眠状态时就会有显著的变化。处于催眠状态的受术者脑电图（EEG）既不表现出一种生理性的睡眠状态，也不表现出一种通常睡眠时的意识状态。可见，尽管经暗示处于催眠状态的人可以产生一种类似典型的睡眠模式，催眠与睡眠有相似性，但它们是不相同的。所以，强调催眠状态纯属生理性的睡眠过渡状态看来有点偏激。因此，研究者后来对这一观点有了进一步的修正解释，认为催眠状态是注意力高度集中的一种形式，伴有外周感觉缩小。在催眠状态下，受术者只能与催眠者保持单线交往的这种感觉集中反映了这一点。这好比中心视力集中注视于某物时清晰而精确，而周围的视野区域较宽广，因此精密度就低且模糊。在日常生活中最常见的类似催眠一样的体验，诸如全神贯注于一本有趣的报纸杂志或倾注于感人肺腑的影片、戏剧时，就会失去正常的时空定向，忘却周围的一切，或感知模糊迟缓。

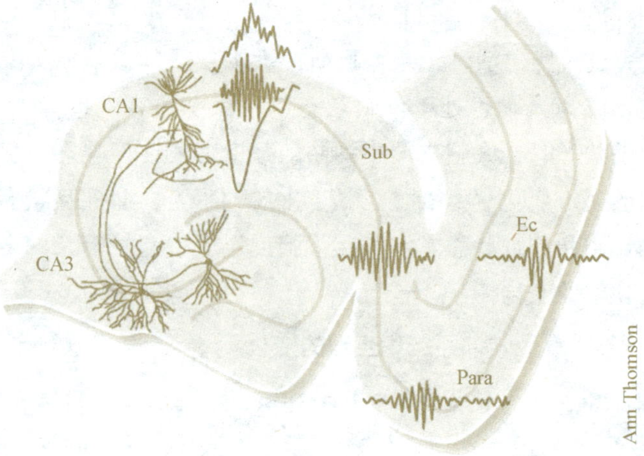

图 2－4　海马的电生理运行机制

随着科学技术的发展，神经生理的研究逐步深入，人们从宏观走向神经结构的微观研究，并提出催眠对中枢神经的影响是通过改变大脑皮层和皮层下的联结关系，尤其是丘脑下部网状结构和边缘系统。罗伯特（Robert，1960）从脑生物电研究中提出催眠是由一种电阻塞所引起的催眠状态，这种电阻塞存在于脑干网状系统和导性感觉、变态性感觉协调性神经往来之间。其实验依据是：脑外科医生应用“催眠麻醉”施行脑科手术，当医生碰到病人的脑部海马区域时，病人很快脱离催眠状态，再进行催眠诱导进入催眠状态时，再度刺激海马区域病人又会醒来。这就说明脑神经回路构成催眠的生理基础，其中包括海马区域。斯密斯（Smith）和斯特恩（Stern）在 1961 年用处于催眠状态下的新几内亚猪进行试验时，发现海马区域可作为动物内部活动的提示器，尽管动物与人的催眠之间的联系尚未完全搞清楚，但当猪处于催眠状态时，有较明显的神经生理变化。

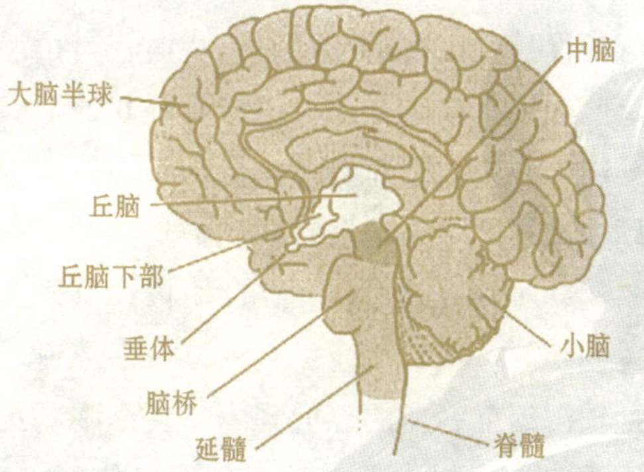

图 2－5　大脑神经系统结构

有不少研究者认为，催眠是由于大脑皮层的生理学改变而引起的。艾斯塔勃罗克（Estabrooks，1943）认为，催眠是由于突触脱离，而神经脉冲直接进入少量的通道中去而引起的。罗伯茨（Roberts，1963）强调催眠的引起是由于脑干的网状结构及特异性感觉、错觉及协调的神经通路之间的阻断。他指出：“催眠性迷睡在生理学上可能与清醒被试的大脑皮层的深部锥体细胞诱发的超极化有关。催眠诱导期间，脑内网状非特异系统的激活，同时伴有特异性皮层经路的失活，推测这是脑皮层电紧张明显抑制性改变的原因。非特异性激活及特异性失活可以分别代表催眠性‘固着’及催眠引起的‘传入性输入降低’的生理性对应物。”这一观点着重强调了催眠是一种神经生理学的表现。

前苏联神经生理学者罗日诺夫等人对催眠过程中被催眠者对言语刺激和直接刺激的反应进行了比较研究。他们发现存在着两条规律：其一，随着催眠程度的加深，言语作用的生理影响增加，而直接刺激的效能降低。其二，随着从较浅的催眠状态过渡到较深的催眠阶段，感应的选择性范围逐步缩小，被催眠者大脑中抑制过程的广度和强度逐步增加。具体实验结果如下：

第一条规律：在催眠的第一阶段，当大脑半球皮层的主要细胞群还保持着正常水平的兴奋性时，言语刺激在大多数情况下引起的反应要比直接刺激小。进入嗜睡状态后，对言语作用的反应，大致等同于或略大于对直接刺激的反应。在催眠的第二阶段，对言语作用反应量的增大是反常相次数增多的结果，这就为相当弱的言语刺激建立了良好的基础。在此阶段，言语刺激效能的增加是兴奋灶正诱导结果。这个灶会引起来自右半球皮层和邻近皮质下足够广泛而且较深的抑制点的感应现象。在催眠的第三阶段，当言语暗示对人的机体有强烈的影响时，言语刺激效应的增加达到了最高的程度。同时，这一阶段的特征是，进一步降低了对直接条件刺激和非条件刺激的反应性。这些特点的生理基础是弥散性的，几乎侵占了整个半球皮质并影响到大脑低级部位的抑制。这种抑制的强度一直到使皮质和皮质下的某些部位产生完全的抑制。感应灶的兴奋会使感应灶周围被抑制过程包围的皮质细胞群产生强烈的负诱导。而抑制本身又由于来自深度抑制了的皮质的强烈正诱导的结果而增强。罗日诺夫认为，由于感应灶的半球皮质与其他细胞群之间的相互强烈诱导，引起了言语暗示效应的增强，这证明了下列事实：直接刺激的符号——词，在催眠的第三阶段，引起了比这些刺激本身在觉醒状态下和催眠的第一阶段时更加强烈的反应。

第二条规律：随着催眠程度的加深，抑制的强度和广度逐渐增加。由此而带来的结果是，随着催眠状态的第一阶段向第二阶段过渡，第二阶段向第三阶段过渡，感应选择性的范围按顺序缩小。

在催眠的第一阶段，被催眠者对催眠师的反应量与对不参与催眠的人的词的反应量没有多大差别。感应灶在这里还是十分广泛的。不仅如此，经常还可以看到这种现象，即被催眠者对来自催眠师以外的其他人的言语暗示的反应量，超过对催眠师言语暗示的反应量。这是由于，当人们还处于基本觉醒状态时，对除催眠师以外的其他人的声音产生定向反射的缘故。在催眠的第二阶段，抑制广度的增加导致感应灶范围的缩小。这在实验研究中具体表现为，在协调减退的阶段，对催眠师言语的反应量，在大多数情况下，超过了对不参与催眠的人的言语的反应量。感应选择性的增加在这里也得到被催眠者口头报告资料的证实。在催眠的第三阶段，感应选择性大大缩小，这是由于在此阶段，强烈的抑制过程笼罩着半球皮质大多数细胞群的结果。在深度抑制的皮质神经细胞的第二阶段基础上，感应灶依旧好像是孤立的。对来自催眠师的言语暗示的反应，在这里表现得异常强烈，而对其他人的言语暗示的反应，在大多数情况下几乎不复存在。不过，在研究中也曾发现，即使是在催眠的第三阶段，感应的选择性也不是绝对严格的。在这一阶段，有时也可以看到被催眠者对催眠师以外的其他人的言语暗示产生反应。虽然这种反应不太常见，而且按其方向和形式来说也不太明显，但它毕竟还是存在的。

上述神经生理学的实验研究业已证明催眠与神经生理密切相关。遗憾的是，这些研究对人来说摒弃了人的心理活动，是限于纯神经生理学的。虽然动物也能被催眠进入催眠状态，但这当中具有原始性的条件作用，因为只有在特定的条件刺激下才能诱入催眠状态，甚至可以说是短暂的睡眠状态或安静状态，而并非真正的催眠状态。尽管人的催眠过程中有明显的脑神经的电变化，但必然伴随特有的心理活动。许多心理学者认为，催眠所诱发的各种生理活动只是一种人体生理功能的局部表面现象。催眠的效应有着明显的社会文化影响，因此，单纯生理学的观点较为片面。

2.2 催眠的心理机制

发生在人身上的催眠现象不仅以脑神经生理为基础，而且与人的心理特征密切相关。催眠现象的产生固然需要有一定的神经生理作基础，但它毕竟是一种心理现象，必然存在心理上的发生机制。这促使人们不断从心理学的角度来探讨催眠现象的形成、发展过程，以揭示其本质与规律。从心理学的角度来探讨催眠的发生机制，依赖于被试的心理特征。许多研究者发现，心理正常的被试在催眠过程中表现出一些与心理异常者不同的语言与行为特征，但心理暗示对催眠现象的发生起着关键作用。

2.2.1 来自对心理异常者观察资料的猜测

推动科学催眠术发展的重要动力之一源自对心理疾病的治疗，因而心理异常者被当做催眠实验研究的对象就是自然的事。早期的许多催眠实验研究都是以心理异常者作被试，并取得了一些研究成果。研究成果的来源主要有两个方面：一是医学领域的神经病科，二是心理学领域的精神分析学派。

医学领域神经病科的早期代表人物有查科特（Charcot）及其研究生皮尔和比耐（Pere & Binet），他们根据临床观察结果，认为催眠是病理神经现象，催眠和癔症都是中枢神经系统中一些疾病的产物；催眠是一种病理状态，产生于紊乱神经系统的神经基质上。由此推断，催眠成功的关键在于接受催眠者的可暗示性，而不在于施术者的技巧；癔症有很高的暗示性，所以凡是被催眠者都具有高度暗示性，这与癔症的基本神经基质相似。但多数人反对这一论点，一个最有说服力的证据是正常人也能被催眠，而处于催眠状态中的人与癔症发作时具有完全不同的心理活动表现。将正常人在催眠状态下的心理活动与病态心理表现混为一谈，显然是错误的，尽管正常人或接受治疗的人在催眠状态中有着各式各样的表现，但与病理的癔症性表现完全是两回事。现在这一错误片面的观点已被彻底否定了。

图 2－6　弗洛伊德所定义的俄狄浦斯情结——杀父娶母。

精神分析学派是最早从心理疾病治疗的角度应用催眠术并对催眠现象做出系统解释的心理学流派，其早期的代表人物是弗洛伊德。现在还有不少学者仍以弗洛伊德提出的力比多理论作为精神分析的核心概念来解释催眠发生的机制。该学派认为催眠是一种倒退现象，称之为适应性退行（adaptive regression），是对过去经历的体验，与“恋母情结”相似，将“恋母情结”的矛盾心理向催眠者投射，产生对催眠者的移情。该理论认为，诱发催眠状态并起到治疗作用的是心理暗示；如果受催眠者暗示性高，便容易进入催眠状态所表现的角色，能全盘地接受暗示，并通过催眠状态下的潜意识而起作用，从而调整心理动力平衡的失调状态，达到治疗心理疾病的目的。

米雷斯（Meares，1961）提出的角色扮演和自动作用的机械装置假说，认为在催眠状态下，会呈现一种幼稚的、原始的特征，像小孩一样富有模仿性和无条件地顺从，这是精神倒退的一种表现。以霍妮为代表的新弗洛伊德学派，反对力比多的泛性理论基础。值得说明的是，无论是老精神分析学派，还是新精神分析学派，在关于催眠的观点上都令人难以理解，但许多人仍持这一观点，认为通过催眠既易于回忆人在早年或社会文化中被压抑在潜意识中的心理创伤，又能通过催眠使力比多得到发泄，从而治愈疾病。

2.2.2 基于心理正常者为对象的实验结果之推理

1．社会角色理论的解释

社会角色理论（social role theory），也称为角色扮演学说（role enactment），是由美国社会心理学家斯班诺斯（Spanos，1982）等人提出和倡议的。他们认为，催眠情景下的被试，正像电影演员一样，他所表现的一切行为，只不过是接受导演（催眠师）的指示扮演一个社会角色而已。他认为，每一个人在自己的一生中都扮演一定的角色，以适应不同的社会环境。催眠只不过是一种社会环境。正如人们也可以扮演雇员、恋人或其他任何成千上万的角色一样，人们可以扮演“被催眠者”或“催眠师”这样的角色。

斯班诺斯等虽然不同意将催眠视为一种特殊的意识状态，但并不认为，催眠者行为是伪装和作假的。他们认为，催眠状态下的行为改变，确有其事，唯改变的原因并非完全是由催眠师的暗示所导致，而是由于受试者在动机、情绪与期待上，认同催眠师所说的催眠境界，主动与之合作，类似演员与导演的关系一样，在催眠师的诱导之下，全神贯注，投入到一种“假戏真做”的忘我境界。斯班诺斯认为，当被催眠者体验着幻觉时，这些幻觉是一种“信任的想象”（believed in imaginings）。很显然，社会角色理论把催眠当做一种“信仰”来看，这一学说在学术界的争论比较大。

2．催眠暗示的麦比乌斯带效应学说

一些研究者经过长期的观察与研究，提出了一种新的学说，即催眠暗示的麦比乌斯带效应，从另一个角度对催眠过程的机理进行了探讨。

麦比乌斯带是由麦比乌斯首先发现的一种奇特现象：一张长方形的纸条，有正面和反面，其面和边角都是分明的，但是将这张纸条扭转180度，然后将两端黏结起来，奇特的现象就出现了，原来分明的正反面已不复存在，变成了一个往复连续的面，这条奇特的带子就是麦比乌斯带，这种现象就是麦比乌斯带效应。分析麦比乌斯带的形成，有两个主要的步骤：一是“扭转”，二是“黏结”，催眠暗示的形成也需要这两个环节。

(1)“扭转”。要进入麦比乌斯带，需要先扭转180度。要使人进入催眠暗示状态，也需要一个“扭转”的过程，就是暗示的事情要让被试认为是合乎情理的，是可以接受的，也就是被试在逻辑推理上认为是成立的，这样才能实现。有“扭转”，就会有反“扭转”，也就是出现阻力；阻力大，催眠暗示就不易实现，阻力越小，“扭转”就越容易，实现催眠暗示的可能性也就越大。任何一种暗示，当它落到一个人的“心理场”时，批判性的思维活动就要对它进行初步检验，不管这一事物是否符合事实，只要自己认为符合逻辑，一般就会被接受下来。要进入这一状态就必须有一个扭转的过程。由此看来，逻辑阻力是扭转中最大的阻力，这里指的逻辑观念，是暗示对象的主观感知，这时的逻辑观念常与其自己的主观愿望及需求紧密地联系在一起。只要消除了逻辑阻力，就很容易实现暗示。对于大多数人来说，当进入催眠状态时，逻辑阻力就会消失，再进行“扭转”就非常容易了。逻辑阻力的消除常借助他人来突破，有时则由本人取缔，所以要消除这一阻力取决于多个方面：一是知识水平；二是认知方式；三是周围环境的影响；四是刻板印象的影响；五是请求解决某一问题的迫切性；六是暗示的技巧。

(2)“黏结”。“扭转”对于催眠来说是一个很重要的基础，但是只有扭转形不成麦比乌斯带，它还有两个分明的面，只有在扭转后再进行黏结，麦比乌斯带才能形成。由此及彼，要进入催眠暗示状态，既要有“扭转”，也需要一个“黏结”的过程。“黏结”得如何，直接影响催眠暗示状态能否实现。关于这一过程，我们认为影响因素比较多，除影响“扭转”的因素也可以影响“黏结”外，还有以下影响因素：

①感情问题。要完成好“黏结”，最主要的一点就是要赢得对方的信任，只有信任，才能建立起感情的联系，可以说信任是一种“黏结剂”。

②技术问题。催眠暗示需要较高的技术水平和熟练的技术操作，这是黏结的基础之一。

③伦理阻力问题。人都有共同的或自己的伦理观念，这是人在心理上的一条防线。伦理阻力是比较深固的，但是当不触犯它时，又形同虚设。

当人进入到催眠暗示状态时，就像形成麦比乌斯带一样，出现了特殊的现象，从施行催眠的一方来说，不是说理论证，而是动机的直接“移植”，从受催眠的一方来说，不是通过分析判断，缜密的思考，而是盲从附会地接受暗示信息，这一过程是被动地接受，也就是不分“正反面”，正因为如此，作者将这一原理称为催眠暗示的麦比乌斯带效应，以与同道商榷。

3. 新解离理论的解释

新解离理论（neo-dissociation theory）是一种新的理论，是特别用解离（dissociation）概念来解释催眠现象和心理过程的一种理论，是美国斯坦福大学教授希尔嘉（Hilgard，1979）提出的。这一理论实际上是对流行于上世纪初的解离学说（dissociation theory）的修正。因为该理论是以意识分层离解的观点来解释催眠状态的，所以也被称为意识分离理论（split consciousness theory）。希尔嘉根据其实验研究结果，提出了对催眠状态下心理过程的解释。他认为，受试者经催眠后，其意识分离为两个层面：第一意识层面，是受试者接受催眠暗示所意识到的一切新经验；第二意识层面，是催眠当时隐藏在第一层面之后，不为受试者所意识到的经验。换言之，在催眠状态下，受试者的意识状态被解离为两层：第一层的意识是在催眠师暗示下产生的，其性质可能是失实的、扭曲的；第二层的意识是受试者根据自己的感觉产生的，其性质是比较真实的。唯因当时受到催眠暗示的影响，第二层意识被第一层所掩盖，使受试者不能用语言陈述出来而已。希尔嘉给予催眠时被掩盖的较为真实的意识一个特别的名称，称它为隐秘观察者（hidden observer），意思是在催眠状态下受试者并不因催眠师的暗示而完全失去自己，这也是新解离理论的主要实质。

4. 心理结构理论的解释

这一理论类似于格式塔心理学的完型理论，其认为催眠的理论必须把心理上的因素、主观因素与其他各种因素联合起来。其结构含有两个既可分开又有联系的不同层次。第一层次为脑功能（包括神经生理等基本功能）；第二层次为催眠功能（包括心理状态）。

从结构上看，这两个层次中第一层次是神经生理学基本结构，第二层次为动力心理学结构，二者类似于计算机的硬件和软件。第一层次的功能是第二层次功能出现的必要条件，而不是决定条件。第一层次受到干扰，会阻碍第二层次的催眠状态，第一层次可随时影响第二层次。因此，第二层次催眠的具体内容依赖于催眠者和被催眠者两个个体的心理结构，反过来，第二层次能通过第一层次影响神经生理活动的功能。

心理结构理论将神经生理功能与心理功能之间的相互关系有机

地结合起来，得到了大多数人的认可，并被认为是心理学—神经生理—生物学综合模式的基础。但是，该理论未能阐明两个层次之间如何发生影响，仍有待进一步验证。

5. 神经心理综合性理论的解释

目前对催眠术的研究已趋向综合性的解释模式，催眠术所能诱发的催眠状态及在治疗中所产生的作用是一个复杂的神经、心理、生理活动过程。心理暗示通过脑接受器加以分析、综合，经由神经生物学的改变及产生生理等方面的变化已得到证实。美国心理学家通过大量的催眠研究，提出催眠术是通过语言或操作性刺激或暗示作用，由这种心理暗示唤起脑神经活动，从而激发了神经生物、生理、内分泌和植物神经系统的相应活动，变更了意识功能和躯体功能。

当大脑神经接受心理暗示性指令后，人的大脑意识活动随着这种信息的进入而逐渐削弱，潜意识开始释放出来，趋于活跃状态，这就是催眠，这时受术者对施术者的暗示指令更为信任、更为敏感、更愿接受。这时的指令要比在意识处于清晰状态时的作用更强，也更易接受。内分泌和植物神经系统功能也得到相应的调整。对良性的暗示性指令会更易接纳，故而催眠能产生良好的心理、生理的调整作用。

这一综合性理论，又称为“二层次学说”。

第一层次：心理功能，即心理暗示作用于脑神经，诱导意识活动的变更。

第二层次：脑神经功能，脑神经接受心理暗示后，进行储存、分析后通过神经生物的变化，影响生理活动功能，内分泌和植物神经系统发生相应的变化，诱导催眠状态。在催眠状态下接受暗示性指示更具作用。催眠和意志力没有直接的关系，它和注意力和意识状态有关。

图2-7 “二战”时，成千上万的青年人，在希特勒言论的暗示下，成了战争的牺牲品。

由于催眠过程既受心理因素的影响，又受生理和社会因素的影响，因此催眠术与催眠现象有着比较复杂的机制。一种理论或学说可能是从一个角度或一个方面来阐释，但每一种理论或学说都提供了一种思维的方式和思路，建立了一种模式，对催眠现象和机制的阐释发挥了一定的作用。目前，学术界对各种学说和理论都存在着不同程度的争论，因此，要对催眠术进行综合的、被大家都公认和接受的阐释，还需要进一步研究。

2.2.3 本书的立场——暗示是催眠现象产生的心理机制

综观前面介绍的有关催眠现象产生机制的理论可以看出，暗示是催眠现象产生的关键所在。事实上，正是借助了暗示的力量，催眠师才能将被催眠者引入催眠状态，进而开展治疗疾病和开发潜能的工作，因此，暗示是催眠现象的心理机制。为了使读者对这一问题有更深入的了解，我们将对暗示以及暗示与催眠的关系作一些介绍。

(1) 受暗示性是人类自身普遍具有的一种心理属性。研究表明，人的受暗示性是与生俱来的。人类心理世界之所以如此丰富多彩、光怪陆离，部分原因可归之于人类这种接受暗示的能力。这种能力与人类的智力及想象力密切相关，并主要以第二信号系统为其客观基础。一方面，人类普遍具有接受暗示的能力；另一方面，世界上也存在着无数对人类构成暗示的不同刺激物。我国心理学家霜篪指出，颜色、语言、声音、气味，都可以对我们构成某种暗示，形成某种观念，转化为一定的行动或产生某种效果，我们的心理就是受到这种暗示的刺激转化为能动的物质。这就是我们的可暗示性。对于这种“可暗示性”，南锡学派的倡导者博恩海姆教授把它定义为：是大脑接受并唤起观念的能力，它使这种观念倾向于实现，使之化为行动。他称之为观念的动力学规律。洛扎诺夫则说：这是人类个体之中一种普通的品质，由于它，才使人和环境的无

图 2－8　暗示实验：双眼凝视图中间那四个往下紧密排列在一起的小黑点 30 秒钟，然后闭上眼睛。此时，如果有人在旁边小声说：“你看到那个光亮的圆圈中有什么？”你一定会见到一个神秘的幽灵。

意识关系发生作用。

生活中的许多实例都有力地证明了这一点。国外曾有过这样一则报道：一个美国电气工人，在一个周围布满高压电器设备的工作台上工作。他虽然采取了各种必要的安全措施来预防触电，但心里始终有一种恐惧，害怕遭高压电击而送命。有一天他在工作台上碰到了一根电线，立即倒地而亡，身上表现出触电致死者的一切症状：身体皱缩起来，皮肤变成了紫红色与蓝紫色。但是，验尸的时候却发现了一个惊人的事实：当那个不幸的工人触及电线的时候，电线中并没有电流通过，电闸也没有合上——他是被自己害怕触电的自我暗示杀死的。

社会心理学中的从众实验研究也表明，人在暗示的作用下，竟会不相信自己的眼睛，而与他人保持一致。接受别人的劝说，赞同他人的演说观念，往往也不是纯粹的认知因素（即理性）在起作用，而是由暗示打动情感，由情感影响认知的缘故。观赏艺术作品所产生的爱与恨，更是通过非理性知觉通道而实现的。可见，暗示是普遍存在和行之有效的。正是由于暗示的普遍性和有效性，催眠术才有了产生的可能。

（2）催眠过程是受暗示性与反暗示性能量对比的过程。要使被催眠者进入具有高度受暗示性的催眠状态，需要催眠师有极大的耐心和坚强的意志，以此促成被催眠者受暗示性的开放与增加，并借助于这股力量克服反暗示性。这种较量形式上是温和的，但实质上却是异常激烈的。在催眠过程中，催眠师始终要以坚定有力的肯定句和语调进行反复暗示，同时不间断地要求受催眠者放松，即使一时不能进入催眠状态，也绝不气馁后退。一旦催眠师与被催眠者进入心理极度相容状态，一旦催眠师的意志战胜了被催眠者的意志，那么就意味着受暗示性与反暗示性的能量对比发生了倾斜，受暗示性占了上风。此刻，被催眠者的意识场显著缩减，对外界毫无知觉，表情呆滞，只是与催眠师保持着牢固的、建筑在心理共鸣基础上的感应关系。被催眠者将无条件地接受催眠师的任何指令，这样，就很容易进入较深的催眠状态。

（3）整个催眠过程与暗示的规律之间具有高度的吻合性。只要催眠师严格遵照暗示的规律，催眠就能取得成功，否则就会招致失败。

（4）不仅由觉醒状态导入催眠状态要依靠暗示的力量，而且从深度的催眠状态迅速恢复到清醒状态同样是暗示的作用。通常，催眠的觉醒方法是这样实施的：催眠师对被催眠者说："你已经历了一次成功的催眠，一次有效的治疗，醒来以后，你一定感到很愉快……""现在我要把你叫醒，马上我就数数，从 1 数到 3，当数到 3 时，你就会突然醒来。"在给予明确的指令，并反复暗示以后，受术者会突然醒来。这个过程，显然也是借助于暗示的力量。

综上所述，可以认为催眠现象就是由暗示造成的，当人一旦进入催眠状态时，又非常容易接受暗示。

从某种意义上说，催眠术就是施行暗示的技术，没有暗示，就没有所谓的催眠！由此看来，催眠现象并不是一种完全神秘莫测的现象，催眠术也不是一种不可捉摸的巫术。从暗示这一催眠的心理机制入手，可以使我们对催眠现象有一定程度的了解。当然，迄今为止，对催眠现象的科学研究还是很不充分的，其中的奥秘还远未被完全揭示出来，许多方面还停留在经验阶段。所以，要想使催眠成功，催眠师还必须善于观察被催眠者每一时刻的心理表现，并迅速做出反应。在对被催眠者实施暗示的过程中，既不能超前也不能滞后。在施行催眠的任一时刻，指导语的选择、节奏轻重都很重要。所有这些，只有在大量临床实践的基础上才能应付自如。

2.3 影响催眠可能性的个人因素

一个人能否被催眠受多种因素的影响。这些因素大体可分为两类：受术者个人因素和环境因素。从个人因素方面看，大多数学者认为不同的受术者之间存在催眠可能性的差异，这些差异反映了基本的催眠易感性及一时性的动机因素。这里，所谓催眠易感性是指被催眠者的人格特质，它决定着被催眠者的被催眠能力及获得某种深度催眠状态的能力。

2.3.1 人格因素

人格，用美国心理学家卡特尔的话来说，就是可以用来预测个人在一定情况下所做行为反应的特质。我们有充分的理由认为，尽管影响催眠可能性的因素有很多，但相对稳定性的人格特质是其中重要的一个因素。事实上，许多催眠实验研究表明，催眠与人格之间存在密切的联系。一方面，不同人格类型的人，其接受暗示的难易程度有差别，从而导致催眠可能性（hypnotizability），即一个人能被催眠的可能程度也不同。例如富有想象、情感丰富、聪慧、信任、直率、利他、依从、谦虚、移情的人，其催眠可能性也大。另一方面，催眠能诱导出不同的人格表现。例如，在催眠状态下，大多数被催眠者可以被诱导出多重人格。其形成原理在于：通过催眠在大脑中枢可形成一个强兴奋点，从而抑制周围中枢系统的兴奋。多重人格便是由多重强兴奋点主宰的，人格间的转换便是多重兴奋点间的转换。

美国学者海尔加德（1968）的报告曾提到人格测验与催眠易感性之间的许多联系，认为催眠易感性与人格因素之间存在着相关性，虽然这种相关性可能较小。海尔加德和本特勒（1963）报告，催眠易感性与外向性格的相关系数 $r=0.21$。吉本森和科伦（1974，

1975）的研究结果与此稍有不同，它们表明稳定型外向性格和神经症内向性格与催眠易感性的相关性较好；而稳定型内向性格和神经症外向性格与催眠易感性的相关性较差。瓦格斯塔夫（1981）对一些研究的分析结果表明，易受影响或顺从的人格特质与催眠易感性之间存在正相关关系。

但也有学者认为，只有催眠想象可能与人格因素有关，催眠易感性的其他方面与人格因素的关系似乎不明显。巴伯（1964）甚至推断说，人格与催眠易感性并不相关。当然，这正如鲍尔（1976）所说，这并不是奇怪的事，因为不同的人格特质可能要在不同的场合才表现出来。之所以有些研究人员发现催眠易感性与某方面的人格特质相关，而另外的研究人员却无法证实这种关系，其道理也可能存在于此。此外，还可能有一种解释，即人格特质并不是独立的现象，它由许多相互作用的成分组成，而这些不同成分在不同的人身上占有不同的比重，并可能在不同的场合以不同的形式表现出来。

2.3.2 年龄

美国学者鲍尔（1976）细心地辨别了催眠易感性的稳定性及其发育之间的差别。前面提到的摩根等人的研究也表明，催眠可能性在一段时间内可保持某种程度的稳定。当然，有些资料表明催眠易感性也可随着时间的变化而增强或减弱。蓝登（1965）发现，7岁以上的儿童具有良好的催眠易感性；在大约14岁以前，催眠易感性日益增强，此后开始逐渐减弱，这种趋向要持续到整个成年时期。摩根和海尔加德（1973）通过用斯坦福催眠敏感性量表A式的测试发现，9～14岁的儿童催眠易感性最强，而40岁以上成人的催眠易感性则最差。这两种研究结果基本一致。

瓦格斯塔夫（1981）认为，催眠易感性之所以随年龄发生变化，可能部分是因为个人的僵化、信任与遵从等人格特质的变化所使然。

如果催眠易感性有其生理学基础的话，那么它又会受到生长和衰老等生理变化的影响。此外，人的心理在整个生命过程中都会出现变化，故催眠易感性的变化也可能受到心理变化的影响。

2.3.3 智力

智力与催眠易感性存在一定的相关性，这一点可从英国心理学家艾森克研究的结果得到证实。艾森克曾经系统地探讨英国人的催眠易感性与智商之间的关系，结果发现，从低于平均智商（IQ60）到平均智商（IQ100）这个阶段，催眠就容易程度而言呈现上升趋势。智商越高，越容易被催眠。

2.3.4 遗传

很少有迹象表明催眠易感性与遗传基因有关。摩根（1973）提供的资料虽然显示催眠易感性包括遗传因素，但他的研究却不能重复，而且在实验设计上还可能存在方法学的问题。催眠易感性是一种相当复杂的现象，它与遗传基因的关系不可能太大。

2.3.5 性别

民间传说持这样的观点：女性比男性的催眠易感性好，但事实并不支持这种观点。费洛斯（1979）报告，经过巴伯暗示性量表测试，性别与受术者的易感性无关；催眠易感性与实验者的性别也无相关性。这一结果与以往的结论（巴伯，1965；海尔加德，1965）似乎一致。不过，费洛斯又指出，测验者与受术者的性别之间可能存在相互作用，女性受术者在男性测验者的指导下可表现出较好的催眠易感性。

2.3.6 生理学因素

美国学者巴康（1969），格尔（1974），摩根、麦克和海尔加德（1974）以及萨克姆（1982）等人支持这样一种假说，即在习惯使用右手的人当中，催眠状态使右脑细胞比左脑细胞更加活跃。但这种现象的产生是右脑活动的增强，还是左脑活动的抑制？这一问题仍然有待研究。有些研究结果支持这种观点。摩根等人（1974）发现，在催眠状态下，脑电图的 α 波成分与右脑的空间知觉所产生的 θ 波颇为相似，而与左脑执行语言功能时所产生的 θ 波有所区别。

弗兰肯、里普利和考克斯（1978）观察到，在催眠状态下，右耳的听觉优势减弱，这反映出左脑的听觉能力有所增强。特列根、阿特金森（1974）以及海尔加德（1979）讨论了高催眠易感性的人在想象时的广泛生理联系，认为一般与右脑相关。萨克姆（1981）推断说，习惯使用右手的人通常对涉及身体左侧的催眠暗示有较好的反应，而对涉及右侧身体的暗示反应较差。

但问题并不如此简单。格尔（1974）和伯基特（1979）发现，在催眠状态下，只有惯用右手的男性受术者表现出眼睛左移的倾向；惯用左手的男性以及惯用右手的女性受术者，他们的眼睛运动都无明显的固定方向；不过，惯用左手的女性受术者的眼睛运动又总是向右。这些现象很难解释。值得注意的是，习惯用手有不同的程度，并且习惯用手并不总是受大脑支配的。摩根等人（1974）发现，与低催眠易感性的人比较起来，尚无迹象表明高催眠易感性的人的右脑有较强的 α 波活动，这一点或许与人们所期望的结果相反。目前还未发现哪种生理学指标可以准确预测催眠可能性。只是有迹象提示习惯用手、性别以及脑电图的 α 波特征可能有一定的预测作用，但这尚需进一步研究才能得出最后结论。各种可变因素之间的关系错综复杂，要完全准确地认识它们，就目前来看是相当困难的。现在的问题是：催眠可能性是不是一种相对稳定的现象？摩根、约翰逊和海尔加德（1974）曾报告，有一组受术者在 10 年以后接受重复测验，结果表明，它与原始测验的相关系数为 0.6。但这并不是说催眠可能性不可改变。人们在如何提高催眠可能性方面作了不少努力，如使用条件反射技术（德尔普拉脱、霍姆斯，1978；凯兹，1979），感觉剥脱（桑德斯、雷赫，1969），肌张力反馈（威克拉，马西克拉，1973）等不同方法提高催眠可能性。其中很多都取得了肯定性的成功。

在训练过程中，提高催眠可能性的关键因素是什么？这一问题往往极难回答。即使设立对照组，也需要严密设计，以保证实验组能在各种条件下与对照组认同，例如，各组受到的关注、测验人员的信心，以及对受术者作分组配对的众多现实问题，这些都必须考虑。在这些因素中，又有哪些将会影响对照组，也并不是每次都很清楚。况且，如何分组配对才称得上恰当，不同的研究人员也有不同的看法。总的来说，催眠可能性可以通过训练而得到提高，但究竟哪种因素起作用，目前尚不甚明了。

巴伯（1964）报告，有些人对催眠师有选择性，遇到某些催眠师能表现出较好的易感性；但遇到另外的催眠师，其催眠易感性则很差。由此可以预见，催眠师与被催眠者的关系越好，催眠可能性也就越大。巴伯和凯弗雷（1962）注意到，如果某人要求被催眠的动机很强烈，而且态度积极，那么其催眠可能性就很大；但如果他是抱消极态度，则催眠可能性就小。梅内和海尔加德（1964）则发现，这一特性在女性被催眠者中表现得尤为突出。

2.4　关于催眠易感性的测量

我们知道，不管环境因素如何，个人的人格特质很少以相同的形式和相等的程度表现出来（米施尔，1968），心理学家对此是非常清楚的。为了解决这个难题，人们编制了一些标准测验。测验时要求每一次操作方法都尽可能相同，因而就这种意义而言，测验的目的只是测量催眠易感性。不过，由于被催眠者的动机因素不可能得到完全控制，因此这同时也是测量被催眠者的催眠可能性。如果催眠易感性测验所测量的仅是催眠易感性，那么只要它是一种相对稳定的特性，在再次测验时就不应出现变化，或不出现较大的变化。若事实果真如此，那么在做重复测验时，同一种测验，甚至换一种测验，其结果都应该基本一致。重复测验时，原来获得高分的被催眠者将继续获得高分；原来获得中等分的仍将获得中等分；而原来获分较低的就应该还是低分。鲍尔（1976）将“测验—重复测验”的相关系数定为0.8～0.9。若取其较低的数值，那么催眠易感性的稳定人格特质（即测量对象）就能决定催眠可能性的0.64。从另一方面看，催眠可能性的0.36（即1/3强）则取决于其他因素，也就是环境因素。不过，这并不是说，不论任何人，其催眠可能性的2/3取决于他的催眠易感性的人格特质，而1/3则取决于环境因素。例如，有些人的催眠可能性受环境因素的影响较大，这一点已由不同条件下的实验所证明。

在催眠可能性测验以及其相关因素的研究方面，人们做了大量工作。但若要决定一个人的催眠可能性是好、是中等，还是较差，最好的办法是直接给他催眠。当然，这并不是说催眠可能性测验以及对其相关因素的研究没有意义，恰恰相反，这些工作很有价值，能够得到很多有意义的资料。问题是催眠师如何能够在适当情况下利用易感性特征以及其他相关因素。例如，催眠师最关心的是，要根据标准测验结果来决定某人不可能被催眠。但即使一个人在某种测验中的得分甚低，而高明的催眠师仍然可以通过某种技巧为他催眠。从催眠易感性的相关因素来说，即使发现某方面的人格与催眠易感性有很好的相关性，但如果仅依据这种人格测验的得分去选择催眠对象，这也是相当愚蠢的。虽然可以推想此人的催眠易感性可能较低，但这或许只是统计学上的可能性，其实际催眠易感性可能并不低。

一般说来，在实验研究时，催眠师可以利用相关因素及易感性测验，并根据某种量表，如斯坦福德催眠敏感性量表，对催眠易感性评分，这是实验不可缺少的一部分。我们不能仅仅因为一个人的催眠易感性测验的得分较低，就不给他催眠。特别是当催眠术可以作为某种治疗的有效辅助手段时，就更不能因为易感性测验得分较低而不用催眠术。

2.5 对心理暗示的几点说明

2.5.1 心理暗示的含义

已故心理学家朱智贤主编的《心理学大词典》（1989）给心理暗示作了这样的描述："用含蓄、间接的方式，对别人的心理和行为产生影响。暗示作用往往会使别人不自觉地按照一定的方式行动，或者不加批判地接受一定的意见或信念。"

作为一种社会心理现象，心理暗示是人或环境以非常自然的方式向个体发出信息，个体无意中接受这种信息，从而做出相应反应的一种心理现象。心理暗示一般是在无对抗条件下，通过语言、行动、表情或某种符号，对他人的心理和行为施加影响，使他人接受诱导者的某一观点、意见，或按欲诱导的方式进行活动。心理暗示具有以下几个特点：

（1）心理暗示是发生在人身上的一种特殊的影响过程。它不需要证明和逻辑推理，而是通过直接移植心理状态来发生作用，双方通过感知、判断的心灵交会过程，从而接受一定的意见、思想并产生一定的行为。暗示双方的感情越融洽、思想越接近，暗示的效果越好。

（2）心理暗示是以无批判的接受为基础，不付诸任何压力，不要求他人非接受不可。

（3）暗示具有明显性和隐晦性双重性质，隐晦性是主要的方面。经验证明，暗示者的威信越高，暗示的效果越好。

我们在这个世界中生活，与大自然和社会文化融为一体。因此，我们不可避免地要受到自然环境和文化传统的暗示。暗示无所不在。“暗示”就像人类的影子，只要有思维存在的地方，就会有暗示的存在。

2.5.2　暗示发生的心理条件

要实现暗示，暗示刺激给予者和暗示刺激接受者必须具备一定的条件，这些条件概括起来大体包括以下几个方面：

1. 暗示者的权威性

这指的是暗示刺激给予者一方的特性。一般而言，暗示刺激给予者相对于刺激接受者而言，应当具有一定的优势差，才能使暗示刺激有可能产生作用。刺激接受者是按照暗示刺激给予者的优势、刺激的信息含量同自己进行比较，并认识到自己在心理上的差距的时候，才能引起暗示反应。例如，商场的美容产品推销员在推销商品时，就是运用其对产品性能和顾客心理的了解，并形成“能言善辩”的优势而向顾客进行暗示的。

2. 暗示刺激的部分性和条件性

一般而言，暗示刺激给予者提供的刺激是部分刺激或者是在无条件刺激基础上产生的条件刺激，但反应者在任何情况下都会表现出作为全部刺激或是无条件刺激的反应。例如，廉价产品推销员对产品质量避而不谈，只是一味地强调其“便宜”（部分刺激）、“降价”（条件刺激），从而诱导顾客接受暗示，产生购买欲望。

3. 暗示刺激的非合理性

暗示刺激是在情绪气氛高涨，并让刺激接受者转移注意力、忽略了理性判断的状态下产生作用的。例如，商场产品推销员尽量用可人的外形、幽默滑稽的诱人语言来吸引顾客的注意力，使顾客看了就产生愉快感，从而引起购买欲望。

4. 反应者的可暗示性

根据反应者自身的生理、心理素质，相同的暗示刺激也会产生强度、程度不同的刺激反应，也就是刺激接受者的可暗示性个体差异。例如，“老实巴交”的人通常容易上“花言巧语”的当。

2.5.3 **暗示的种类与层次**

按照形式来分，暗示可分为环境暗示和自我暗示。所谓环境暗示是指暗示的发生有较强烈的外界诱发因素；而自我暗示是来源于人体自身，即自己把某种观念暗示给自己。

按照性质来分，暗示可分为积极暗示和消极暗示。积极暗示就是在对待任何事物都能找到其积极的一面，并从积极的角度去思考和解决问题；而消极暗示则与之相反，不管事物的状况如何，总是从消极的角度去思考和处理它，并坚信事物的结果是不好的、消极的。

按照心理学和相关学科的分类，暗示分为三个层次：

第一个层次，即日常所说的狭义的语言文字系统的暗示和自我暗示。

当十个人都非常认真地重复一句话“你有病，不正常，很厉害，需要去检查”。结果会是什么呢？你真的觉得自己已经有病。然后，真的去医院检查了，而且很可能就检查出疾病来。

语言不仅对他人有暗示作用，还有自我暗示的作用。一个人如果故意对他人说心情不好，他见一个人就说“我心情不好，别碰我”，说得多了，他真的就心情不好了，这种情况是经常发生的。

语言有着暗示和自我暗示的力量。当我们讲积极自信时，要在前面加一个“我”字，“我勇敢，我成功”，这就是语言上的自我暗示。

第二个层次是动作语言、表情语言的暗示和自我暗示。

人们交流不光通过语言，还通过进行交流形体动作和表情。动作和表情也是语言，叫做动作语言和表情语言。

如果我对你挥拳头，这个动作表明威胁。如果我对你鼓掌，表明欢迎或鼓励你。如果你在台上演唱，大家不断地鼓掌，这是大家给你肯定赞扬的暗示，这会使你信心倍增。

这些表情动作都是语言，叫肢体语言、表情语言。动作和表情语言对人有非常强烈的暗示和自我暗示的作用。微笑的表情给我们带来好的心情。我们每天多一点微笑，那么你每天就会快乐一点。因为，微笑是一个良好的暗示。

第三个层次是环境语言的暗示和自我暗示。

我们是生活在各种各样的语言、暗示包围之中的。展开来看，我们周围的环境、大自然每天都在暗示我们。

当我们见到大海，我们受到大海的暗示，心胸不由得会开阔；我们见到高山，受到高山的暗示，不由得感到庄严而宁静。

环境暗示是不可抗拒的，不仅在自然环境中是这样，在社会环境中，社会文化同样对我们有暗示作用。若人长期在海岛上生活，他的心态也会跟大海一样。

2.5.4 心理暗示的产生机制

俄国生理、心理学家巴甫洛夫认为：暗示是人类最简单、最典型的条件反射。这一假说得到了许多实验事实的支持。例如，心理学上有一个著名的实验：在被试的皮肤上贴一片湿纸，并告之这是一种功效特殊的纸，它能使皮肤局部发热，要求被贴纸的人用心感受那块皮肤的温度变化。十几分钟过去后，将纸片取下，被贴处的皮肤果然变红，并且摸上去发热。其实，那只是一张普通的湿纸，是心理暗示使皮肤局部的温度发生了变化。我国古代流传的成语典故“望梅止渴”，也是一个很好的事例。故事梗概是：古代魏国曹操的部队在行军路上，由于天气炎热，士兵都口干舌燥，曹操见此情景，大声对士兵说：“前面有梅林。”士兵一听精神大振，并且立刻口生唾液。

精神分析学派认为，人的判断和决策过程，是由人格中的“自我”部分在综合了个人需要和环境限制之后做出的。这样的决定和判断，被称为“主见”。一个“自我”比较发达、健康的人，就是人们通常所说的“有主见”、“有自我”的人。但是，人不是神，没有万能的自我，更没有完美的自我。这样一来，“自我”并不是任何时候都是对的，也并不总是“有主见”的。“自我”的不完美，以及“自我”的部分缺陷，就给外来影响留出了空间，给别人的暗示提供了机会。但是，外来影响空间的存在，以及易受暗示的机会，并不等于一定会受到暗示。

现代心理学研究表明，心理暗示与人的个性特征存在关联。人的心理特点与神经类型的不同，对暗示的感受程度和结果也有所差别。

人从气质上来分，有胆液质、神经质、多血质和黏液质 4 种，尽管大多数人同时具备这 4 种气质类型中的几种类型。一般而言，胆液质型的人最容易接受心理暗示，而黏液质型的人对心理暗示的反应较慢。大多数女性比男性容易接受心理暗示，老年人和儿童比青年人容易接受心理暗示。出人意料的是，一个人的智力水平与文化程度，在能否接受语言暗示方面，并无决定性的作用。

思考与练习

1. 你认为人被催眠是通过何种机制实现的?
2. 谈谈影响人的催眠易感性的因素?
3. 谈谈你对心理暗示的看法。

第 3 章　催眠术的操作规程

本章要点

1. 解释催眠术的施术条件。

2. 解释催眠术中他人施术的操作程序与方法，包括催眠易感性的测量，催眠诱导的过程与方法。

3. 叙述催眠深化的过程与方法。

4. 初步探讨潜力开发或治疗的过程与方法。

5. 叙述解除催眠的过程与方法。

3.1　施术的条件

3.1.1　施术者的条件

催眠施术者即催眠师，是催眠活动的主导者。催眠施术活动能否成功，能否产生良好的“催眠后效”，主要取决于催眠师的素质和催眠技术的运用能力。一般而言，催眠师的素质和催眠技术的运用能力主要包括以下几个方面：

1. 专业知识与专业技能的要求

（1）专业知识：熟练掌握催眠学、人格心理学、神经心理学、心理卫生学的基本知识和原理。作为催眠师，首先要熟练掌握催眠学的基本原理和方法，懂得催眠发生的生理、心理机制，但仅掌握催眠学知识不够，还需要掌握人格心理学、神经心理学、心理卫生学等知识，因为催眠技术的运用依赖于对人的行为动机的分析；在施术的过程中，需要熟知大脑皮层兴奋与抑制的发生机制，需要熟知脑神经系统对信息处理的规律，需要熟知心理障碍、心理疾病的发病机理和根治方法。

（2）专业技能：熟练掌握催眠的方法与技巧，并能灵活运用心理测量、心理诊断、心理咨询技能。催眠师必须在熟练掌握催眠的方法与技巧之后，才可以独立对受术者正式实施催眠，否则将可能带来不良的后果；同时，由于在实施催眠的过程中，施术者需要确定受术者的心理特点，如催眠易感性、心理健康水平等，并据此灵活使用催眠技术，以确保施术活动的顺利进行，因而催眠师还需要熟练掌握心理测量、心理诊断和心理咨询的技能。

（3）语言表达能力：有较强的语言表达能力，发音清晰，对语速和发声响度的控制能力强。催眠活动的过程是施术者与受术者之间信息交流的过程，而语言是实现施术者与受术者之间信息交流的主要媒介，因此良好的语言表达能力是开展催眠活动的必备素质。

（4）知识背景：有广阔的知识背景和文化背景。在开展催眠活动的过程中，施术者需要对受术者的文化背景和心理特点进行识别，并根据受术者的文化和心理特点有针对性地采取催眠措施，以确保良好“催眠后效”的出现。

2. 通用素质与能力的要求

（1）智力：智力测验水平属于中等（含中等）以上。催眠术是一种知识含量比较高的复杂的心智技能，要掌握并加以灵活运用催眠术者必须具有较高的智力水平。

（2）人格特征：自信、坚韧、富有独创性、机智、反应敏捷、求知欲强、宽容、有责任感、乐于合群、自我控制能力强、富有道德感。催眠活动的实施过程是施术者与受术者之间人际交往与心灵沟通的过程，又是意志的较量过程，施术者的个人品质和人格魅力对催眠活动的成功与否起着基础保障作用。

（3）研究兴趣与职业倾向：对个体的人及其复杂动机感兴趣；乐于从事催眠、心理咨询等职业。催眠术是探讨人类大脑潜意识运动规律，并开发其潜能的高智能复杂活动。鉴于人类行为动机的复杂性，要使催眠术成为有效开发人类大脑潜意识的工具，一方面需要不断创新和完善催眠术的理论与技术体系；另一方面需要人们长期地实践并不断积累经验。不难看出，这需要从业者对催眠术领域有浓厚的兴趣和献身精神。

（4）心理健康：正如前面已经说过，催眠术的实施过程是施术者与受术者之间心灵沟通、相互影响的过程，因而施术者的心理健康就是从事催眠活动的必要条件。

3．身体与生理的要求

（1）身体健康；无传染病：在催眠术的施术过程中，施术者需要长久地付出身心上的努力，没有健康的身体显然难以胜任催眠师工作；同时由于大多数的催眠活动都需要施术者与受术者之间长时间地近距离接触，因而施术者不能有传染病。

（2）仪容仪表端庄、体味正常：催眠活动能否成功，最基础的条件之一是受术者能在心望上接纳施术者。因而对于施术者而言，外表端庄、衣着整洁、没有令人难闻的体味是必需的。

3.1.2 受术者的条件（受术者的心身要求和易感性测验）

（1）智力要求：智力处于正常的发展水平。催眠术是以心理暗示为基础的，受术者如果智力发展迟钝，就难以理解和领会施术者的要求，因而无从接受暗示。一般而言，智商小于 70 的低能者无法理解催眠指导语。

（2）心理健康要求：经验表明，严重的抑郁症患者、偏执狂患者、脑器质性精神疾病伴有意识障碍的患者、精神分裂症或其他重度精神病患者等不适宜接受催眠术。另外，对催眠有严重的恐惧心理，经解释后仍然持怀疑态度者不能被催眠。这类患者在催眠状态下会促发病情恶化或诱发幻觉妄想；患有严重心理疾病者，通常思维混乱、畏缩，注意力不能集中或精力不够；偏执狂患者不信任、怀疑一切；脑器质性精神疾病伴有意识障碍的患者，催眠可使得症状加重。

（3）身体要求：患重度感冒，或发高烧，或腹泻，或瘙痒性皮肤病者不适宜接受催眠术；心血管疾病（如冠心病、脑动脉硬化、心力衰竭等）和呼吸系统疾病的患者不适宜接受催眠术。患有严重生理疾病者，通常注意力不能集中或精力不够，这类人不能被催眠。

（4）年龄要求：小于 6 岁的儿童不适宜接受催眠术。受儿童心理发展水平的制约，小于 6 岁的儿童无法长时间集中注意力，因而不能被催眠。

（5）精神状态：过度疲劳、昏昏欲睡者不适宜接受催眠术。精神疲劳者难以集中注意力，他们不能被催眠。

（6）催眠易感性：经测验，催眠易感性过低者不适宜接受催眠术。一般来说，75% 的人都能够进入不同程度的催眠状态；有些感受性偏低的来访者必须进行反复、长时间的诱导暗示才能进入催眠状态；另有 10% 左右感受性极端低者往往无法被催眠。

3.1.3 施术的环境要求

1. 物理环境

（1）空间大小：以小而整洁的房间为佳，房间内不要陈设对人产生刺激的物件。房间过于狭窄，固然会使人有种束缚感或压迫感，但是若太过于宽广，也会让人有精神散漫之弊。

（2）光亮程度：以刚好能看清周围物体的柔和采光或照明为佳。光线太过于明亮，容易使受术者精神散漫，从而妨碍其精神的集中；

但如果太阴暗，则又容易变成抑郁，也不适合。因此，在白天实施催眠术时，应使用柔和色彩的幕幔，以调节照入室内的光线，电灯最好是书光色的，而且尽可能地使用间接照明。

（3）隔音要求：要安静，听不到周围喧嚣的杂音。保持安静非常重要，因为即使受术者进入平静、沉着阶段，也会被搅乱。因此，房门最好尽量采用双重门，如果能利用厚料子的幕幔，也可收到类似的效果。

（4）温度：室内的温度大约以20℃~25℃为宜。温度过高，如果受术者出汗就会使人感觉闷热，要是寒冷则会引起紧张，两者都应当避免。

（5）房间的色彩：以奶油色或淡绿色为佳。房间的墙壁如果是白色，那么反光就太强；粉红或红色过多，则不稳重；深蓝色或黑色，则又有引起心情沉闷的缺点，因此最好尽量采用奶油色或淡绿色等柔和与温暖的色彩。同时，如果挂上和身长相等的镜子就更加完美了，不过需要用同样淡色的幕幔，在不需要的时候拉上，以免使其受到刺激。

（6）家具：受术者坐的椅子或躺下的床，应柔软而宽敞，以便使受术者在感觉上充分解除紧张。金属管制成的椅子或床，令人一见就感觉生硬，冰冷而不适宜。另外，有扶手的椅子也会让肥胖的人产生束缚感，而限制了动作，因此应该尽量避免。

2．心理环境

（1）心理相容：受术者与施术者之间要做到互相信任，在心理上彼此接纳。催眠暗示是通过非理性知觉通道打动人的身心，如果受术者对催眠术或施术者持怀疑、害怕的心态，心里紧张不安，就不可能在心理上配合施术者的诱导工作，从而难以接受催眠暗示。

（2）人际关系：施术者与受术者之间要建立一种“亲密有度”

的人际关系。施术者一方面要设法与受术者营造一种亲密的人际关系，使受术者放下包袱，打消顾虑，心情轻松愉快；另一方面又要让受术者感到彼此“有间”，处境安全，这样就容易让受术者接受暗示。

（3）尊敬和信赖：设法使受术者对施术者产生敬畏感，同时又怀有亲切感。以极其自然的态度对待受术者，让受术者对你产生亲切感和敬畏感，这对受术者接受催眠暗示有重要作用。经验表明，施术者对非常熟悉的人或关系特别好的人往往难以成功地施术。这是因为，关系过于亲密会失去敬畏和神秘感；此外，关系过于亲密的受术者虽然在主观上可能相当配合施术者，但潜意识中存在“你那点招数我了如指掌”的心态会对接受催眠暗示起“抵抗”作用。

（4）接受催眠的欲望：施术者要设法让受术者适度抱产生接受催眠的欲望。实践表明，如果受术者没有形成接受催眠的欲望，只是抱着玩玩的心态，则再高明的催眠师也难以成功地实施催眠。

3.1.4 催眠语的使用要求

在大多数情况下，语言是施术者实施催眠诱导、使受术者接受催眠暗示的主要媒介，因此催眠语对催眠的成功与否起着重要的作用。

催眠语，是施术者在诱导受术者进入催眠状态时，对受术者所讲的一些暗示性的话语。催眠语的内容因人因事而异，但存在相同的特点。一般而言，催眠语应符合以下三个原则：①语音平抑，即说话时语音厚重、语气语调平和、音量小而清楚；②语意单调，即说出来的话要简短、意思明确，不能有歧义；③语句重复，即对诱导目标起作用的一些词或短句子要反复说。以下是诱导受术者入睡的催眠语例子：

请把眼睛闭起来。希望你耐心听我说话，心里不去想其他任何事情。

眼睛闭起来！……眼睛闭起来！

希望你觉得很舒适、轻松，保持内心清静。除了我的话，什么都别想……

闭起眼睛来！舒舒服服地闭着眼睛，保持内心清静；除了我的话以外，什么都别想……

你觉得双臂双脚都很重吧，放松双臂，放松双脚，放松，放松全身……

放松两腿肌肉，放松手臂肌肉，全身放松；仿佛你已回到冥冥之中，回到冥冥之中。你在冥冥之中，你会觉得更加放松，更加舒服……你更加放松……更加舒服。

你现在只能听到我的声音，只听到我的声音……只听到我的声音。要保持内心清静，要保持内心清静。全神贯注，只听到我的声音。现在你会觉得很舒服，全身很松弛。你开始想睡了……开始想睡了……很想睡了……非常想睡……保持内心清静……只听到我的声音。

你觉得全身放松，全身舒适。有规则的深呼吸……有规则的深呼吸……深深的呼吸……放松全身……只听见我的声音，保持内心平静。你已开始入睡，开始入睡……保持内心清静……你已入睡……你已入睡……你已睡着了……深深地睡着了。深深地睡着了。舒舒服服地睡吧……深深地舒舒服服地睡吧！

你睡得更深，更舒服；你睡得更深，更舒服；更深，更舒服；更深，更舒服……

你深深地睡着，保持内心清静，你睡得更深，更舒服……你睡得更深，更舒服。睡着……睡着……

全身舒舒服服地睡着，睡着……睡着……睡着。你睡得很舒服……睡着……

当我从一数到十的时候，你会睡得更深……现在睡得更深。当我从一数到十的时候，你会睡得更深……更深……更深……更深……更深……睡得更深……更深……更深……

我从一数到十的时候，你会睡得更深……更深……更深……更深……

3.2 施术的操作程序与方法

要成功地实施催眠术，需经过许多个环节。一个标准的催眠程序通常由5个环节构成，它们依次是了解、诱导、深化、潜力开发或治疗、解除催眠等；每个环节又由若干个步骤组成，并分别有自己的阶段目标。本节将对催眠程序中的各个环节按照发生顺序依次展开陈述。

3.2.1 了解的过程与方法

催眠施术过程的第一个环节是了解，这是施术过程中必须做的基础工作。了解的过程通常包含两个步骤：其一是施术者了解来访者是否满足接受催眠的基本条件及其动机与需求；其二是检查来访者的催眠易感性。这两个步骤的实施，目的在于确定来访者是否可实施催眠术和应该采取何种催眠技巧。

在第一个步骤里，催眠师可以采取谈话等方式，详细了解来访者的身心健康情况，看是否满足接受催眠的条件，这包括：①智力是否处于正常的发展水平；②是否是严重的抑郁症患者、偏执狂患者、脑器质性精神疾病伴有意识障碍的患者、精神分裂症患者等；③是否患重度感冒，或发高烧，或腹泻，或瘙痒性皮肤病者；④是否是心血管疾病（如冠心病、脑动脉硬化、心力衰竭等）和呼吸系统疾病的患者；⑤是否处于过度疲劳、昏昏欲睡状态。

另外，催眠师还需要询问来访者对催眠已有的看法，回答他们有关催眠的疑惑，让来访者正确认识催眠术的原理和性能，知道随后施术时哪些事情会发生，以消除不合理的期待。必要的话，施术者可花点时间对催眠术作个简介，因为大多数人对催眠术的了解很少，而这很少的了解中偏偏又有大部分是误解。了解的姿势见图3-1。

图3-1

在第二个步骤里，催眠师可以采用标准与非标准测验手段检查来访者的催眠易感性，以便确定来访者是否能够被催眠或应该采取哪种方法进行催眠。

1. 催眠易感性的标准测验

(1) 巴伯暗示性量表（如表3-1）。

这一量表由巴伯（1965）所制定。他在这里使用“暗示性”，而不用“易感性”，是与他对催眠的看法一致的。在暗示前，测验者可以使用一些诱导技术，也可以不用。巴伯暗示性量表包括八项内容，它们是：

①上肢低沉。

②上肢悬浮。

③手指锁住。

④“口渴”幻觉。

⑤言语抑制。

⑥身体僵住。

⑦“催眠后样”反应，咳嗽。

⑧选择性遗忘。

上面每一项的记分标准都有严格规定。记分有主观分与客观分两类。客观分的记分标准是，受试者的反应与某项相符合，则相应记1分；而③、④、⑤、⑥四项，根据受试者的反应程度，也可以记0.5分；不符合则记0分。记主观分则要询问受试者，是真正获得了测验者所暗示的那种感受，还是有意表现出暗示所要求的反应，以博得催眠师的欢心。如果受试者证实他确有暗示的那种感受，那么该项就记5分（还有一种标准是3分制）；否则记0分。如果某一项在记客观分时得分为0，那么在记主观分时就没有必要再询问这一项了。

在上面8项暗示中，有2项属于“直接动力”暗示条目①和②；有3项属于“动力对抗”暗示条目③、⑤和⑥；另外3项则属于“知觉”暗示④、⑦和⑧。

这一量表的测验和记分都很容易，完成全过程约需20分钟。此外该测验的信度比较高，“测验—重复测验”的相关系数在0.80～0.88之间。

表3-1　巴伯暗示性量表

序号	暗示的活动	通过标准
①	手臂下落：右手平伸，暗示其越来越沉，沉得往下落。	30秒后，下沉约10厘米或更低。
②	手臂上飘：左手平伸，暗示其越来越轻，轻得向上飘。	30秒后，上飘约10厘米或更高。

（续上表）

序号	暗示的活动	通过标准
③	手指锁住：先撒开两手，然后两手交叉，紧握置于下腹部，暗示其两手被黏住了，不能分开。	反复暗示45秒钟，5秒钟后分不开手给0.5分，15秒钟后分不开手给1分。
④	"口渴"幻觉：暗示"你太渴了"。	有明显的吞咽动作，嘴动，润湿口唇，给0.5分，测试结束后仍然感到口渴，再加0.5分。
⑤	言语抑制：暗示"你喉咙、嘴巴动不了了，说不出话来"。	持续45秒钟，5秒后说不出话，给0.5分，15秒后仍说不出话，给1分。
⑥	身体僵住：暗示"你身体发沉、僵硬，不能站立"。	持续45秒，5秒后不能站立，给0.5分，15秒后仍不能站立，给1分。
⑦	"催眠后样"反应：告诉测试者"测试结束后当我响起'咔嗒'声，你会不由自主地咳嗽"。	测试结束后，发出"咔嗒"声，测试者咳嗽或喉部运动，给1分。
⑧	选择性遗忘：告诉测试者"测试结束后你记不起第二项测试，只有当我说你现在想起来了，你才能想起来第二项测试的内容"。	测试者想不起来，给1分。

说明：巴伯暗示性量表有8项暗示，每次暗示成功得1分，总分为8分，得分超过4分以上者表示催眠可获得成功。

（2）斯坦福催眠敏感性量表（C式）（见表3－2）。

斯坦福催眠敏感性量表（C式）为韦岑霍弗和海尔加德所设计，

它包括12项测验，按难易程度依次排列。第12项后催眠性健忘虽然并不比其他项目的难度大，但必须排列在最后。应该指出，个别受试者通过测验的难易度也可能与此形式有很大出入，但从人群的平均情况看来，实际难易程度通常与此测验结果基本一致。

表3-2　　斯坦福催眠敏感性量表（C式）

序号	暗示的活动	通过标准
①	姿势改变（你弯下身去！）	不需强迫就自动弯下身去
②	闭上眼睛（你的眼皮越来越沉重！）	不需强迫就自动闭上眼睛
③	手向下垂（你的左手垂下去！）	在10秒钟内左手垂下约15厘米
④	手臂定位（你的右臂无法移动！）	在10秒钟内右手举不到3厘米
⑤	手指并拢（你的手指无法分开！）	在10秒钟内手指无法张开
⑥	手臂僵硬（你的左臂开始僵硬！）	在10秒钟内手臂弯曲少于5厘米
⑦	两手合拢（你的两手相向合拢！）	在10秒钟内两手合拢约15厘米
⑧	口语抑制（你说不出自己的姓名！）	在10秒钟内无法说出自己的姓名
⑨	幻觉现象（你眼前有一只苍蝇！）	被试挥手试图将之赶走
⑩	眼睛失控（你无法支配你的眼睛！）	在10秒钟内睁不开眼睛
⑪	醒后暗示（醒后请坐另一把椅子！）	醒后表现出移动的反应
⑫	失忆测验（醒后你将忘记这一切！）	所能记忆的催眠中项目少于三个

说明：斯坦福催眠敏感性量表（C式）有12项暗示，每次暗示成功得1分，总分为12分，得分超过5分以上者表示催眠可获得成功。

（3）创造性想象量表（见表3-3）。

这种量表为威尔逊（威尔逊、巴伯，1978）所编制。该量表是一种自我评分量表，不需要诱导，有人称之为“非命令式”量表。它要求受试者对自己的想象能力评分，每一项记分都采用5分制。按照尤多夫（1981）的著作所述，创造性想象量表的分半（split-half）系数为0.89；它与巴伯暗示性量表的相关系数 $r=0.6$。尽管名为创造性想象测验，但内容却是标准的催眠样暗示。它包括如下10项：

①上肢沉重。

②上肢悬浮。

③手指麻木。

④关于水的幻觉。

⑤“嗅－味”幻觉。

⑥音乐幻觉。

⑦温度幻觉。

⑧时间扭曲。

⑨返童现象。

⑩心身松弛。

表3－3　　　　创造性想象量表

序号	自我想象活动	通过标准
①	上肢沉重	当想起自己的手臂很沉重时，会自动下沉约10厘米或更低。
②	上肢悬浮	当想起自己的手臂很轻时，会自动上飘约10厘米或更高。
③	手指麻木	当想起自己的手指麻木时，手指变得麻木不灵活。
④	关于水的幻觉	当想到流水声时，仿佛听到有流水的声音。
⑤	“嗅－味”幻觉	当想到吃酸东西时，口腔里自动产生酸味感觉。
⑥	音乐幻觉	当想到某乐曲时，仿佛听到那曲调声。
⑦	温度幻觉	当想到高温时，会情不自禁地感觉到热。

（续上表）

序号	自我想象活动	通过标准
⑧	时间扭曲	当想起发生在某一天的事时，仿佛事情还刚刚开始。
⑨	返童现象	当回想自己孩童时光时，会情不自禁地发出那时的动作、口气。
⑩	心身松弛	当想到放下所有工作时，感觉身心非常轻松。

说明：此自我想象量表有10项自我暗示，每次暗示成功得1分，总分为10分，得分超过7分以上者表示催眠可获得成功。

2. 催眠易感性的非正式测查方法

催眠易感性的测量，除了利用已经编制好的测验量表进行标准测验以外，还有许多非正式测验。非正式测验需要被试想象自己正在做某种运动，但实际上并不做这种运动，只是通过想象，对暗示做出观念运动的反应。非正式测验对于儿童来说，其使用价值非常大。此外，非正式测验还有一个优点，这就是在开始催眠以前，它能使受术者获得一种经验，即感觉到自己可以在没有明显的意志作用下产生某种体验。这种体验对随后的催眠工作大有帮助。需要说明的是，与标准测验比较起来，在非正式测验过程中可能存在许多微小的变化：如果不严格按详细程序操作，其结果就可能变得不可靠。

（1）身体倾斜测验。身体倾斜测验最好一次只测试一人，以防止被试跌倒。先以身体后倾试验为例：

主试告诉被试，要进行神经特点方面的测验。让被试背向主试，两脚并拢而立，双手自然下垂，主试用手掌心轻轻平贴于被试后背，低声说：“现在开始慢慢向后拉你，已经开始拉了！你开始向后倒了！已经开始倒了……"

但实际上主试只是把手慢慢往后移，根本没有拉被试。如果被试向后倒，表明有足够的暗示性注意力。见图3－2、3－3、3－4。

同样，可以采用身体前倾试验：被试站立姿势同前，主试令被试盯着主试的眼睛，主试的目光集中固定于被试的鼻梁上，伸出双手，掌心向内，放到被试太阳穴附近，并轻微接触，暗示说："现在当我的手拿开时，你会跟着我向前倒。你开始向前倒了！已经开始倒了……"

如果被试向前倒，表明有足够的暗示性注意力。

图3－2

图3－3

图3－4

（2）摆钟测验。摆钟可能是人们使用较多的催眠用具。它由一个铁球或玻璃球或锥体以及系于其上的一根结实的线或链子组成，被试提着它，就像钟摆一样。被试的眼睛既可睁开，也可闭着；被试既可站立，也可以坐下，还可以把肘部支撑到某一物体之上。见图3－5。

图 3－5

测验时，用一根结实的线，一端系上一个小铁球，让被试伸出一只手提着另一端，主试用一块木制的马蹄形“磁铁”围绕小铁球运动，并暗示说：“小铁球会跟着磁铁摆动起来……”

如被试跟着主试“磁铁”由一边向另一边运动，或者转圈，即说明被试的催眠易感性较强；相反，如果被试拿着的摆锤不能按主试暗示的方向运动，而是稳定地保持在原来的位置，这就说明被试的催眠易感性较弱。

图 3－6

（3）垂头测验。垂头测验很简单，被试一般坐着，双眼睁开，注视正前方。然后，主试命令被试闭上眼，想象自己的头越来越沉重，逐渐向前方垂下。测验时有些人的头会低垂，一般可能垂抵前胸；而有些人的头部看起来根本未动。如果被试的催眠易感性强，头便会向前垂下。见图 3－6。

（4）上肢悬浮测验。上肢悬浮测验使用很广，测验时，被试或坐或立，两臂平伸于前方，见图3－7。然后，主试令被试想象有一只手变得越来越轻。如果主试想要对这种想象的原因作一暗示，就可以说那是一块特别的磁石吸引所致。如果被试的催眠易感性好，那么过了一会儿后，想象变轻了的那只手必定比另一只手高出许多。这类被试通常都认为结果是令人信服的。见图3－8。

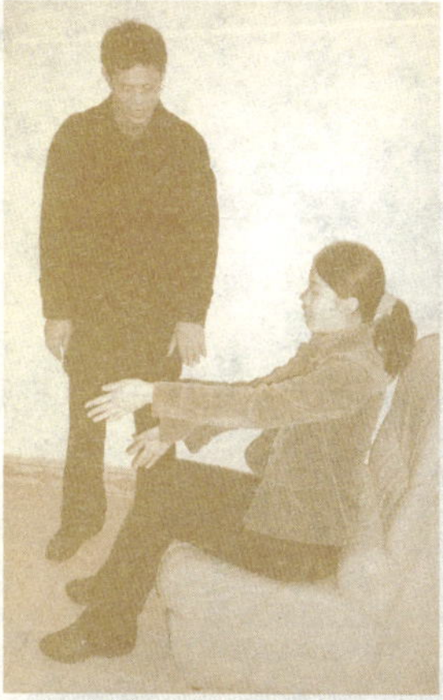

图3－7

图3－8

（5）上肢沉重测验。上肢沉重测验是上肢悬浮测验的相反形式。测验时，被试仍将双臂平伸于前方，然后想象一只手变得愈来愈沉重，并猜想这或许是由于某种物体压放在手臂上所致。若被试的催眠易感性较好，那么他（她）的这只手就会逐渐压低；但另一只手则能对抗引力的作用，维持在原来的高度，这或许是人体的一种巧妙的机制。一般而言，上肢沉重测验的结果往往不如上肢悬浮测验的结果那么令人信服。

（6）气味测验。测验时，给被试三个盛有清水的试管，告诉他

（她）要测验一下嗅觉的灵敏度，暗示说：“闻一下，哪个是汽油，哪个是酒精，哪个是清水？”主试将瓶子（瓶子里除了水以外，别无他物）的瓶塞拔掉，要求被试在闻到气味以后立即举手报告。如果闻到了汽油或酒精味，则暗示性较强。

（7）手掌吸引测验。测验时，被试伸出双手，掌心相对，两手掌心相距约10厘米。然后，主试暗示说：“两手掌掌心相对达到一定距离时会产生吸引力。”这时被试想象双手受到某种力量的牵拉，正在向一起靠拢。有时，也可以让他们想象两手各拿一块磁铁，磁力使其两手被吸引到一起。如果两手掌逐渐合在一起，说明被试的催眠易感性比较强。见图3－9。

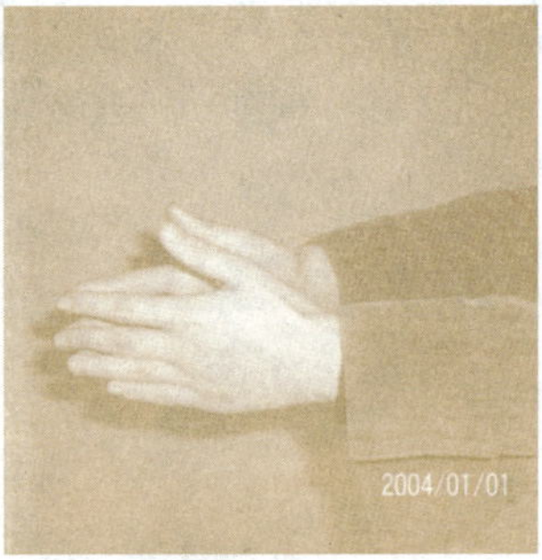

图3－9

（8）手指钩扣。测验时，要求被试双手前伸，手背相对，十指交叉并互相夹住。然后，主试命令他们向外拉，同时暗示说：你们的指头已经紧紧地黏在一起；你们会发现，虽然自己企图将双手分开，但已经不可能了。

很多人在接受这种测验时，都体会到很难将双手分开。实际上，要分开双手非常容易，只要让双手稍微松弛一些即可，而不能一个劲地往外拉。测验时，主试要细心观察被试分手的用力程度。若发现被试需要用很大力气才能将手分开，说明他（她）的催眠易感性比较强。见图3－10。

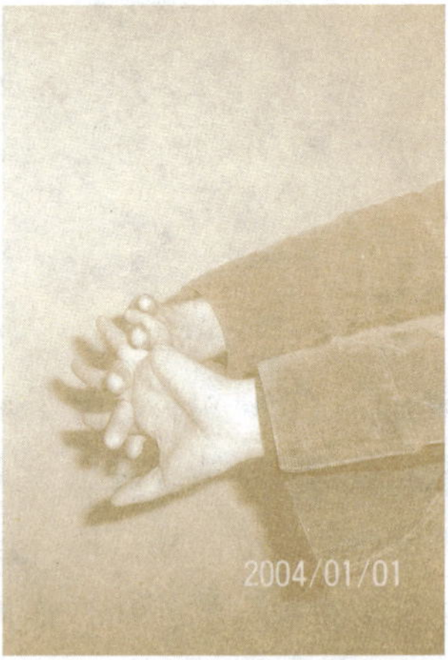

图3－10

3.2.2 催眠诱导的过程与方法

催眠诱导（hypnotic induction）是以产生高度受暗示性（suggestibility）为特征的一系列程序。通过催眠诱导，施术者可引起受术者被动地放松、反应性降低、注意范围变得狭窄和幻觉增强。催眠诱导的技术有多种，通常是施术者不断反复地用轻声平和的话语告诉受术者，暗示受术者感到疲倦、发困和朦胧欲睡，并且清楚地描述应该发生的身体感觉，如"你的两臂在下坠，脚在发热，眼皮变得沉重，抬不起来了……"在这种情况下，受术者通常就逐渐地接受施术者的暗示而进入催眠状态。

催眠诱导是催眠施术过程中最重要的一个环节。假若施术者不能将受术者导入催眠状态，那么催眠的其他活动也就无从谈起。大量研究结果表明，人们对催眠的受暗示性存在很大的个体差异。大约有 1/10 的人对催眠诱导根本没有反应，因此在决定是否实施催眠诱导之前，应充分考虑上一个环节所得到的结果，因人因事采取合适的催眠诱导技术。在此，施术者除须分析来访者的催眠易感性之外，还须考虑其态度和期望。经验表明，凡对催眠持积极态度，相信催眠的可能性，同时又对施术者表示信赖的被试，往往能很好地配合施术要求、接受暗示并取得成功。这正与我国在宗教信仰上常用的一句谚语"心诚则灵"相符合。

催眠诱导环节的任务是施术者运用一定的诱导技巧，让受术者进入催眠状态。其关键是要引导受术者进入专注状态，使注意范围变窄，潜意识打开。常用的诱导技术有眼睛凝视诱导法、两手开合诱导法、沃尔伯格诱导法等。

1. 眼睛凝视诱导法

此方法是 19 世纪的生理、心理学家布雷德发明的经典技法，具有很高的使用价值。这一方法是通过让受术者凝视着物体、光点等，并辅以言语暗示而使受术者进入催眠状态的。此法对环境要求比较高，不能有噪音。操作方法如下：

（1）准备：

在施术之前，要预备一个催眠凝视球，让其生出悦目的光辉。注意：凝视球不需要很大，小点的较好，最好是一个发光的东西，如小壁灯。如没有专用工具，也可用钢笔尖、戒指等替代。此外，施术者务必穿上干净整洁的衣服，消除自身可能存在的异味和口臭等；同时，可当着受术者的面将自己的手洗干净，并用干净毛巾擦干。

注意：在即将实施催眠诱导的过程中，受术者可能因想到自己将陷入全无知觉的催眠状态而感到程度不同的紧张与焦虑，由此而产生抗拒心态。具体表现为抱怨客观条件，如周围环境不安静，椅子太硬、太高，自己身体上有所不适等。其目的是想逃避或延缓接受催眠术。此时，施术者要弄清问题的根本原因是什么。一方面，尽量满足受术者的要求；另一方面，灵活采取各种措施，消除受术者的紧张不安感，让受术者心情舒适地坐下来。

图 3－11

（2）程序：

①受术者采取坐姿，两手自然放在膝上，背部不要靠在椅背上，并以全身舒适为宜。见图 3－11。注意：受术者面对的墙壁最好是没有任何装饰的，施术者的面孔也最好不要让其看到，但施术者与受术者的距离也不能离得太远，否则没有亲近感。

②施术者左手轻按在受术者肩膀上，助其控制体位。

③用言语引导受术者做深呼吸，暗示其排除杂念妄想，使精神集中。

④施术者用左手轻轻地扶着受术者的头顶后部，以固定其位置。但务必小心，不要让受术者感到不安，担心头发被弄乱。

⑤施术者右手拿着凝视球置于受术者眼睛的正前方，与受术者眼睛的平衡位置相距约 30 厘米。同时，用言语引导受术者张开双眼，注视凝视球的反射光点，说："慢慢地睁开眼睛，目不转睛地盯着看。" "凝视时，眼皮不要闪动。" "好，边盯着看，边仔细听我说。"

"请使劲盯着看"，施术者边说边使其集中注意力，右手逐渐提升凝视球，大约上升 15 厘米左右。

此时，重要的是要固定受术者的头部。因为要朝上看，眼睛会容易疲劳。而头部固定了，让其使劲凝视向上看，开始集中注意力，停止眨眼，过一会儿，受术者的眼睛就可能会湿润。这时，只要好好注意受术者的下眼皮就知道了。

⑥受术者眼睛一疲劳就会湿润，就会引起眨眼，如果注意力再高度集中的话，呼吸就会加深。

接着，继续用言语暗示，说："你的眼睛一转不转地盯着看，你慢慢会睡着的……"

"你的眼皮变重了，开始下垂了"，"一点点地下垂了"。"一直在下垂……"

一边重复这种暗示，一边用右手逐渐下降凝视球。

注意：下降的方法是与给予暗示"眼皮下垂"相配合。

不久，受术者的眼皮就可能要下垂了。看到眼皮像很快要闭上的样子，施术者马上说："你的眼睛累了，静静地闭上眼睛吧！"

等受术者闭上眼睛，施术者将左手放在被试的肩膀上，说：

“放松，尽情地放松，你会感到心情很好。”继续给予受术者放松的暗示，“你的头一直低下去，不要用劲，你会感到很轻松。”一边给予低头的暗示，一边用左手轻轻地把肩膀向前推，辅助他（她）的头低下。见图3－12。

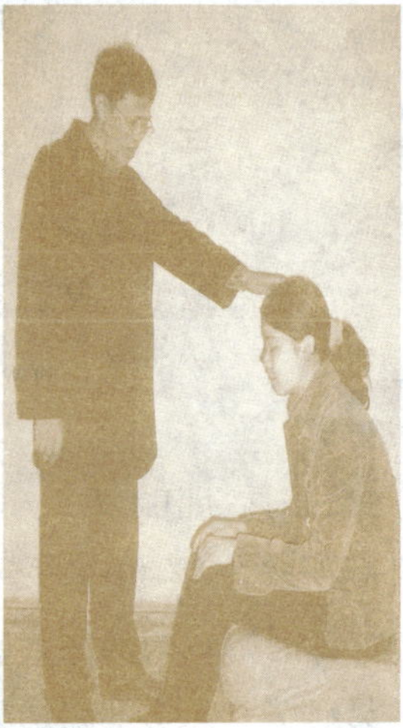

图3－12

若受术者已经安详自然地低下头，眼睛不再睁开，说明催眠诱导成功。

2．两手开合诱导法

两手开合诱导法是以动作为主体的技法，适用于有噪音的环境。此方法主要利用动作进行诱导，具有快速诱导的优点，但有时难以形成作为心理治疗中必要的催眠状态。在具体操作过程中要特别留意言语暗示与动作的时机。操作程序如下：

（1）准备：

在施术之前，要腾出一间房子，一张舒适的椅子；施术者务必穿上干净整洁的衣服，消除自身可能存在的异味和口臭等；此外，可当着受术者的面将自己的手洗干净，并用干净毛巾擦干。

注意：在即将实施催眠诱导的过程中，可能遇到这样的受术者，他们觉得自己懂催眠术，因而采取较施术者优越或积极的态度，并根据自己对催眠术的了解，主张采用某种方法，或者抱怨施术者所采用的方法不当，应当如何如何。对于受术者所提的方法，施术者不妨考虑其可行性。同时，也要婉言指出受术者所提的方法有哪些是不符合催眠术规律或不切实际的，避免施术者与受术者之间的态度冲突。施术者要努力建立起一种以施术者为主导的合作关系，引导受术者充分意识到只有这样，催眠施术才能顺利进行。

（2）程序：

①让受术者采取坐姿，调整呼吸。两手自然放在膝上，背部不要靠在椅背上，但须以全身舒适为宜。见图 3－13。

②施术者站在前方，将受术者的双手上举，并说：“好，睁开双眼，看着你的手。”让他睁开眼睛。

③接着，拿起受术者的手掌。“我的手一离开，你的手就这样自然地分开着”，施术者边说，边将受术者的手打开。

“不要让你的手故意地反向打开，手不要用劲，要放松”，施术者边说边将受术者的双手开合 1～2 次，让其手保持不用劲，然后再让两手慢慢合起来。

以上动作是让受术者放松手，同时也教给受术者随后将要做的动作。

图 3－13

④下一步，将受术者的双手从下面轻轻地拖起来，并且支撑住。在上举期间要确认一下，看受术者的双手是否已经放松了。如果还没有放松，紧绷着，这一诱导法就不会成功。然后继续说：“我的手一离开，你的手就会打开的。”此时，施术者的手就迅速离开，若受术者的手是放松没有用劲的，则施术者支撑手一离开，受术者的手就会稍稍下降，自然地打开。

在受术者的手打开的同时，施术者一边说：“好，打开了，再打开一点，慢慢地打开了，一直接着打开下去，打开下去……”一边把手向左右打开，受术者的双手也就打开了。在这里，重要的是，要在手离开时把握好时机，不失时机地给予“打开”的暗示。

也可以说抓住这一瞬间的机会再给予其暗示，是本诱导方法的秘诀。

⑤等受术者的双手打开到与肩同宽时，接着说：

“好，停下来！”让受术者停止打开。

这时，用两手从下面支撑着受术者的双手。

⑥接着说：“这次你的双手一直会慢慢向上举。”支撑在下面的手稍稍上举一下受术者的双手后离开，受术者的双手就会开始上升。

趁受术者手上举的时机，立即说：“好，向上举，一直向上举，不断向上举。”“好，你的手逐渐地接近脸了。”见图3－14。

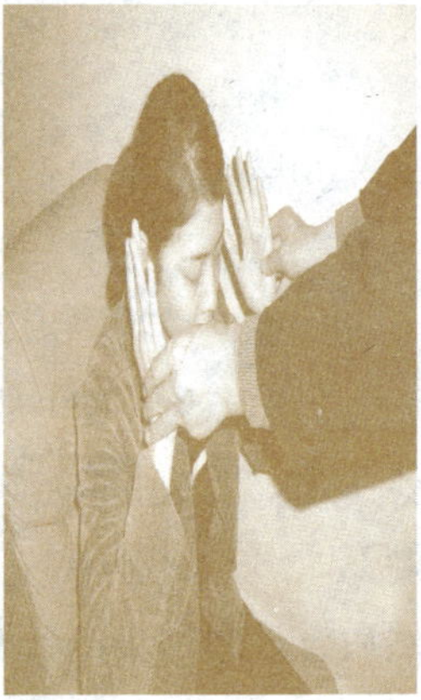

图3－14

“等你的手一举到脸处，你的眼皮就会下垂了，要闭上眼睛了”，“啊！更接近脸了”，“放松眼皮你就会眨眼了”，“手越来越紧紧地贴到脸上了……”

等手一贴到脸上，受术者就自然会闭上眼睛。如果受术者的眼睛还闭不上，当他（她）眼睛一眨一眨时，就说：“请慢慢地闭上眼睛。”让受术者完全闭上眼睛。

⑦若受术者已经闭上眼睛，就说：“我数数，数到3，你的手就会分开。”

“1，2，3。”

“好！分开了，手已经放松了。”

受术者的手就会从脸上离开，开始下落。

“手变得沉重起来，落到膝盖上了，”

“手一到膝盖上，就进入更深的催眠状态了”，受术者的手就会继续下降到膝盖上。

⑧当看到受术者的手落到膝盖上时，立即说：“手到膝盖上了。”“身体不要用劲，请放松”，“这样你就能进入更舒服的状态”。“头变得很沉，让头继续往下吧，”

“低得更多了……”

此时，施术者边用左手轻压受术者的肩膀，边暗示其身体往前屈。接着让受术者的头部一直往下低至颈椎折成近似90度的弯角止。这样，受术者可能马上就会产生身体摆动，催眠诱导成功，可进入催眠深化环节了。

3. 沃尔伯格诱导法

此法通过手的上举来引导受术者进入精神集中状态，并达到催眠诱导状态。因该法最早为美国心理学家沃尔伯格（Wolberg）所采用和推行，所以称为沃尔伯格诱导法。其特点是，施术者可以一边观察受术者的反应，一边给予其暗示；重点在于要抓住时机与受术者的感觉紧密配合。此方法可以只需受术者运动右手，当然两手并用也行。

（1）准备：

在施术之前，要让受术者身处干净、安静、整洁、无异味的房间；施术者务必穿上干净整洁的衣服，消除自身可能存在的异味和口臭等；此外，可当着受术者的面将自己的手洗干净，并用干净毛巾擦干。

注意：在即将实施催眠诱导的过程中，有可能遇到这样的受术者，他们一味地依靠施术者，并采取主观上不作任何努力与配合的态度。这种态度虽然容易接受施术者的暗示，但催眠施术的成功是建立在双方“心理感应”的基础之上的，没有受术者的主动“感应”，即主观的自我诱导行动，是难以进入催眠状态的。

也有可能遇到心存戒备的受术者，他们不是全神贯注于施术者所作的暗示诱导上，而是以监视的态度暗暗地观察催眠师以何种表情、何种态度、什么样的方法、什么样的暗示语来诱导自己进入催眠状态，甚至故意不接受或违背施术者的暗示诱导，想以此来试试施术者到底有多大能耐。还有一些人，在施术开始时表现出各种强烈的抗拒行为，然而在某一暗示反应生成之后，则呈完全的被动、消极状态，无论施术者做什么样的暗示，均无反应。以上这些受术者行为均不利于催眠施术的正常进行。

遇到受术者的这些心态与行为，施术者需要冷静、从容地应对。正确的做法是：一方面，要以温和的语气、简洁的语言向其说明如此心态与行动对他自身不利；另一方面，对这些心态与行为表面上不予理睬，视若无睹，同时反复赞扬他（她）的某个已对暗示语起反应的行为，称赞他（她）的理解力与悟性之高。然后再逐步迁移，一步一步将其导入催眠状态。

图 3－15

（2）程序：

①受术者采取坐姿，两手自然放在膝上，背部不靠在椅背上，并以全身舒适为宜。见图 3－15。

②让受术者调整呼吸，闭上眼睛。接着说："请尽量放松，采取自由舒适的呼吸。"

"好，放松下来了。"

接着再让受术者停止深呼吸，恢复正常呼吸。

"闭着眼睛向后靠"，"放松，尽量放松全身，不要用力……"

边说边将左手放在受术者的肩膀上，让他（她）向后靠在椅背上。此时，施术者应使受术者尽量往椅子后靠。见图 3－16。

③为了让受术者的手放松，需要反复说："伸直手掌和手臂……"

"现在请你睁开眼睛，把手伸直，像我这样使劲伸直。"

施术者边说边张开手指给受术者看，让受术者照着做。见图3－17。

"好，现在请开始放松，"

"对，就这样放松，"

"这样再一次使劲伸直"，"对，就这样，"

"好，请再次放松"，"对，就这样"。

"接下来，轻松把手放在膝盖上面。"这一动作非常重要，一定要放松手指，手掌平放在左右膝盖上面。见图 3－18。

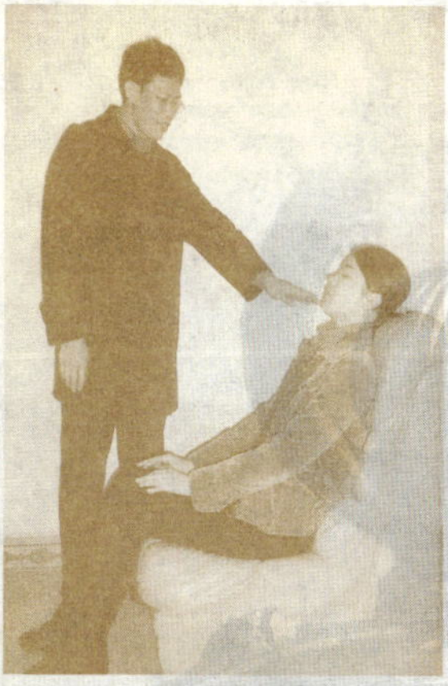

图 3－16

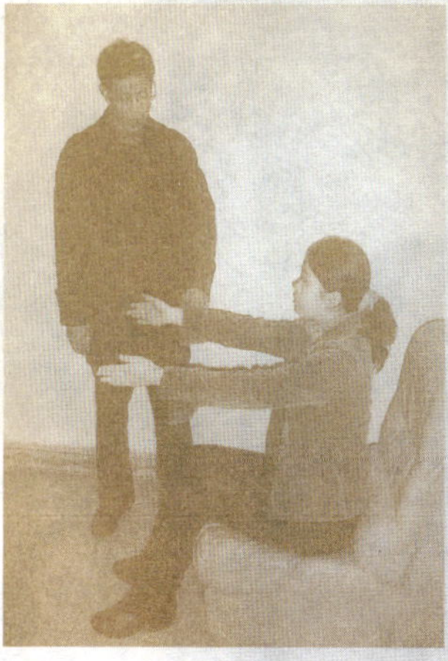

图 3－17

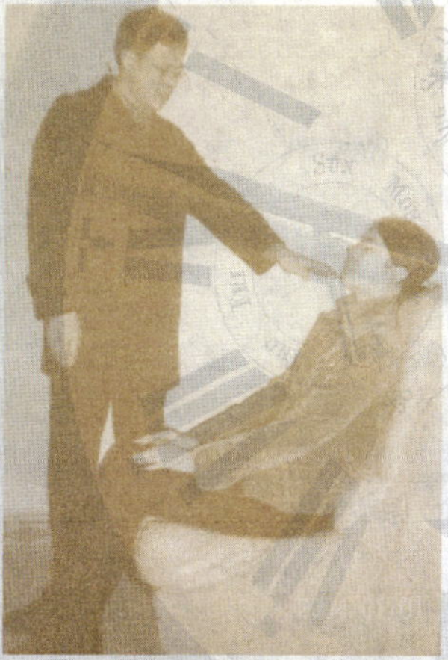

图 3－18

④施术者将左手放置在受术者的肩膀上，用右手的食指指着受术者的手背，说：

“请盯着你的右手手背看”，“不要走神，目不转睛地看”。

让受术者看着右手，凝视着。若受术者是左撇子，则诱导凝视左手。

⑤接下来，给予受术者如下暗示：

“请目不转睛地盯着看”，“这样你就会发觉许多奇怪的现象”。

“请盯着看”，“要聚精会神，集中注意力”。

“盯着看，你慢慢会发觉许多奇怪的现象”。

“请注意你手的重量，”

“你体会一下，你手的重量是落在你的膝盖上吗?”

“你现在正在开始体察你手的重量了。”

⑥“你还会发觉别的奇怪现象。”

“注意到你的裤子的布料变得不光滑了吗?”“你的布料越来越不光滑了。”

⑦“还有许多奇怪现象。”

“你感觉到膝盖的温暖，手也变得温暖了吗?”

“我要不提醒你，你就不注意这些现象呢!”

⑧“你还会发现其他奇怪的现象。”

“你注意到没有？你的右手还在稍稍抽动呢。”

“好，手动起来了，”

“请将你的意念全部集中在指尖上，”

“啊！手指抽动了，慢慢地手指张开了，”

“你留心一下，一点一点地张开了。”

“你始终将意念集中在手指尖上，”

“好，手指全打开了。”

“你还会发现别的现象的，”

“你的手指大部分都已经打开了。”

⑨“刚才你已经感觉到膝盖上手的重量了，”

“你留心看看，你手的重量是不是比刚才轻了？”

“你会感到奇怪，手怎么变轻了呢？”

“好，你的手越来越轻了，慢慢要飘起来了，飘起来了。”

“手越浮越高了，”

说着说着，受术者的手指就会慢慢张开，飘起来。这时，施术者用左手从后面轻轻压着受术者的肩膀。见图3－19。

图 3－19

⑩“你的手变得更轻了，慢慢升起来了”，“手越来越轻，飘得更高了”。

施术者一边用左手轻轻地扶着受术者的肩膀，一边说：

“好，一直往上升，你的手逐渐接近脸的方向了，”

“好，再上一点就靠近脸了，”

“手一碰到脸，你的眼皮就越来越沉了，眼皮就自然而然地合上了。”

施术者一边继续说，一边用左手在后面轻轻扶着受术者的肩膀。

“手已经碰到脸了，你的眼皮要合上了。”

这时，受术者右手到达面部，闭上眼睛了。见图 3－20。

图 3－20

⑪眼睛一闭上，便表示催眠诱导成功。接着，继续诱导，为转向深化环节作准备。

“我一数到3，你的手就离开面部，”

“1，2，3”，

“好，手已经离开面部了，”

“你的手放松了，”

“手离开脸了，慢慢落下来了，”

“手变沉了，落到膝盖上来了，”

“手一落到膝盖上，就会睡得更深了，”

“手已经落到膝盖上了，”

“全身放松，睡得越来越深了。”

“你现在很安静”，“轻松愉快地睡着了”。

说着说着，受术者的右手就落到膝盖上了。

⑫手一落到膝盖上，就继续给予深化暗示。

“你的头慢慢下垂了，更加下垂了。”

施术者边暗示受术者低头，边用左手向前推着受术者的肩膀，使其上半身稍稍前倾。

对于有些受术者，在接受右手高举的暗示时可能会比较困难。例如，受术者的右手可能从膝盖的上方沿膝盖方向往下滑落，而没有往右侧滑落。此时需要引导受术者将右手放置在膝盖正中线偏右的一侧，这样可达到右手往右侧滑落的目的。见图3－21。

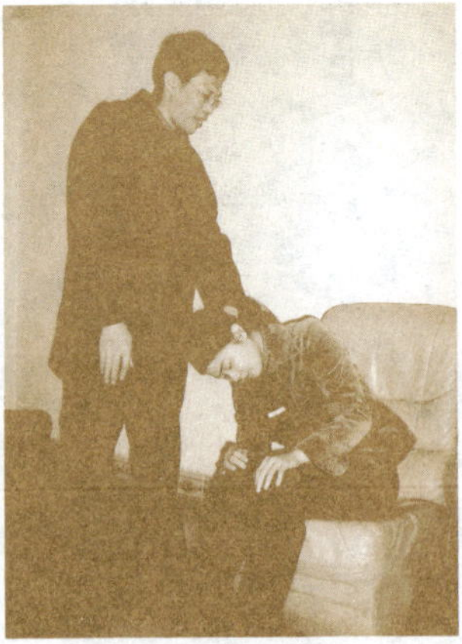

图3－21

⑬接着，施术者继续诱导，说：

“放松你的手，让右手自然滑落下去”，“继续滑下去……”

“好，一点一点地滑下去……”

说着说着，受术者的手就会无力地往右侧落下去。一落下去，就暗示说：“放松……”

此时，施术者最好边用左手将受术者的肩膀轻轻向后拉着点，边给予暗示。

至此，催眠诱导环节完成。

注意：催眠的诱导，切忌无理与强迫。为了酝酿足以达到施术者与受术者间心灵的沟通与协调，需加强受术者的观念，使其引起肌肉运动，而且有耐心地、慢慢地花费时间来反复做“推来推去”过程的心理准备，这才是成功的秘诀。无论是运动支配还是言语暗示，施术者的态度是很重要的，比方说，手的开闭，即使不加速皮肤的接触，也要在不使其闭上眼睛时，施术者本身该先做行动的示范，让受术者模仿，这样才可以营造催眠诱导的结果。

3.2.3 催眠深化的过程与方法

催眠深化环节（deepening）是催眠诱导环节的延续。当受术者进入催眠状态之后，施术者继续给予暗示，引导受术者从轻度催眠进入更深的催眠状态。注意，在催眠深化环节，经常遇到以下情况，即当受术者被诱导进入浅度以上的催眠状态时，尤其是在暗示引出幻觉、错觉以及要求他们做一些违反常态的动作时，受术者或许是绝对服从，依施术者的暗示行事；但也可能出现抗拒行为的突然加剧。对于后一种情况，如果此时施术者的暗示、发问触及到一些个人最为敏感的问题，这种反抗会显得格外强烈。一般认为，出现这种抗拒行为的根本原因在于施术者未能把握好深化的时机，属于因超越暗示演化进程所致。对此，施术者在深化阶段应当特别谨慎小心，宜用“小步子”的速度前进，以防止这种强烈抗拒行为的出现。

如果因一时不慎出现了这种情况，应当及时回复到先前已经成熟了的诱导阶段。经放松与反复暗示其舒适、轻松、愉快后，再采取进一步的措施。

催眠深化环节的催眠方法比较灵活，随施术者的经验和娴熟程度而不断变化。有人说，催眠的深化是随机应变的，技巧的运用完全依赖于施术者的想象能力，是即时创造出来的。施术者有多高的想象能力，就有多高超的催眠深化方法。不过，也存在常用的深化技巧，例如身体摆动法、数数法、下楼梯法、搭电梯法、过隧道法等。以下介绍几种常用的催眠深化方法，供初学者参考、模仿。

1．身体摆动深化法

身体摆动深化法是将浅催眠状态引向深度催眠状态的方法，该法操作起来容易，故常被用于其他催眠深化方法的前驱步骤中。操作步骤如下：

（1）在让受术者身体摆动时，设法引导其头往下低着，保持上半身前屈姿势，这有利于身体的摆动。接着，施术者将右手放在受术者的肩膀上。

（2）施术者轻压受术者的肩膀，一边大幅度地摇动受术者，一边说："我一晃动你的身体，你就全身放松，不要用力，你会很快变得更轻松、舒服。"

此时，如果受术者的身体还紧绷着，就会有抵抗，因此这时要告诉受术者不要用力，要放松，接着再摇一摇。

"你放心大幅度地摇动起来，"

"好，左右大幅度地摇动起来了……"

施术者边说边让受术者摇，慢慢地受术者就会自动地摇起身子。这时，施术者边把手挪开，边暗示说：

"即使我的手离开了，你也会继续摇动你的身体。"

“好，大幅度地摇动起来，摇得再大一点，”

“轻轻地摇动，你会觉得很舒服，你会更轻松、舒服，进入深度催眠状态……”

“好，你摇得幅度更大了”。

这样暗示后，受术者就会大幅度地摇动起来。

（3）此时，施术者设法让受术者改变摇动方向，并说：

“我一数到3，你就前后摇动起来了，”

“1，2，3，”

“好，前后摇动起来了。”

图 3－22

待受术者前后一开始摇动起来，施术者就把手放在受术者的肩膀上。见图3－22。

（4）接着，施术者设法引导受术者把头往后仰，说：

“请你边摇动边把头向后仰，”

“再向后仰……”

施术者一边从后面压着受术者的肩膀，一边暗示其头向后仰。说：

“头更加向后仰了，”

“身体也向后仰了。”

此时施术者边说边用右手将其引靠在椅子背上，说：

“再向后仰。”见图3－23。

图 3－23

注意：由于前面环节没有出现过让受术者头靠在椅子上的动作，所以当他（她）向后仰时，就有可能感到头不安全而产生不安情绪。因此，施术者要事先告诉受术者，说：

“你的头往后仰时，我会用手扶住你。”这样可以消除其对不安全的顾虑。之后，继续暗示说：

“请向后倒，你会变得更舒适，进入更好的深度催眠状态。”

“请将身体继续放松，不要用力。”

施术者一边用手将受术者的头抬起来，一边说：

“这次把头低下去，你会感到更舒服。”施术者边说边用手帮助受术者把头往前倾。但不要低得太多，稍稍前倾就行。

注意：这一方法中的关键之处，是要一直做到让受术者能够自动地摇摆身子之后，施术者才能把手挪开。如果施术者的手离开后晃动停止了，就再用手给予受术者摇摆的暗示。

2. 反复诱导深化法

反复诱导深化法，是利用人的条件反射和学习效果强化的原理，通过施术者的反复暗示，诱导受术者进入深度催眠状态的方法。这一方法的关键是要把握实施反复诱导的时机，必须在受术者尚未完全觉醒之时，再次将其引入催眠状态。此外，施术者要让受术者反复接受施术者给予的诱导，在潜意识中产生“心灵感应”，即自动领会施术者的暗示。

催眠施术者经常使用的手段中，会说“下一次再进一步催眠得更深一些”等暗示性语言。这实际上是应用了后催眠暗示效果的一种反复诱导法。

反复诱导深化法因为没有想象、幻觉、空想等内容，所以不需要深催眠。想象法等催眠深化法的个人差异比较大，必然有一定的适用范围。相反，本方法不必具有太深的催眠深度，故有些受术者自己也可以应用。

反复诱导深化法的实施过程如下：

（1）对已经用诱导方法进入催眠状态的受术者，施术者可这样开始，即说：

“我拍手3下（或者数数数到3），你就睁开眼睛，可是你会马上再次被诱导入比以前更深的催眠状态。”

“1，2，3，”

“眼睛睁开了。”

（2）接着，施术者要密切注意，看受术者是否已经睁开了眼睛。等眼睛一睁开，就要及时给予诱导，说：

“请盯着我的手指尖看，”

“你会再次感到很想睡觉，眼皮自动下垂，”

“眼皮下垂了，”

“眼皮一直在往下垂”。见图3－24。

图3－24

（3）一旦看到受术者眼皮开始下垂，施术者就马上说：

“请轻轻地闭上眼睛，非常舒服，”

“眼睛已经闭上了，非常舒服，非常舒适，你已经进入到很深很深的催眠状态了，”

“你变得很舒适。”

注意：上述步骤可以反复进行，并可与沉默法或深呼吸法交替使用，效果会更好。

这里，所谓沉默法就是不给受术者任何暗示，静静地等着，一般可持续5～10分钟，让受术者自然深化。

3. 深呼吸催眠深化法

深呼吸催眠深化放在催眠的所有环节都起着重要的作用。在前面叙述的诱导环节中，运用深呼吸，屏住呼吸，集中注意力，使受术者的可暗示性亢进，利于进入催眠诱导状态。

深呼吸催眠深化法的生理机制可从脑里的神经传递素组合成分的变化中看出，受术者在进行深呼吸时，会有更多的血清素被释出，使整个人有了更平静的感觉，亦即达到更好的身心状态。

深呼吸催眠深化法的实施要领是：施术者务必让受术者边深呼吸，边给予其催眠变深的暗示，并设法让受术者配合，不要让其过分地深呼吸，每次深呼吸时长不能超过10分钟。若时间持续过长，有时会出现头晕、出汗、抽搐等症状。此方法对有呼吸系统疾病患者不能用。操作步骤如下：

（1）在应用诱导法使受术者进入催眠状态之后，给予其以下暗示：

“请你做深呼吸，但要在每呼吸一次时，全身放松，进入深催眠，”

“深呼吸，好，请慢慢说‘嗞——’”

（2）看到受术者做出深呼吸动作之后，接着说：“吸气，吸，好的，说‘嗞——’，吸好了就‘嗞——’，身体放松了。”

“反复这一动作后，就会进入比前面更深的催眠状态。”

注意：施术者要引导受术者做绵长和缓慢的深呼吸。每当呼气的时候，把注意力放在两个肩膀上，注意呼气时它们便会放松。而且当呼气的时间比上一次更长时，在延长的时间里肩膀放松的感觉会更强（更放松），呼气两三次后，放松的感觉更会扩散至身体的更多部分。

4. 想象催眠深化法

想象催眠深化法是通过想象来使受术者转入催眠深化状态的方法。该法的使用前提是，受术者必须已经达到中等催眠深度。若受术者没有处在中度催眠状态，就很难起到想象催眠深化的作用。操作要点是：

（1）在受术者已经进入中度催眠状态下，施术者引导受术者通过冥想进入单调感知状态，唤醒潜意识，在此状态下集中想象某些设定的情景，努力使自己沉浸其中。例如，暗示受术者想象自己正处于一个四周漆黑的台阶的最高处。此时，施术者可用语言暗示说：

“请你想象自己正站在一个四周漆黑的台阶的最高处，”

“想象到了吧！好。”

（2）接着，施术者检查一下受术者是否已经想象好来了。说：

“如果想象好了，就让我来拍手。”

“我拍一下手，你就下一个台阶。一个台阶一个台阶地下。”

重复上述暗示，让受术者连续做出下台阶的动作。

施术者还可以根据受术者的生活经历，暗示其想象自己熟悉的地方。例如，可以引导受术者正在上山的路上。说：

“请闭上眼睛，想象你离开住处，离开日常的烦恼和快速的生活节奏；”

“想象你在穿过山谷，向山区走近；想象你到了山区，你走上了蜿蜒的山路。在这条道路上你发现了一处舒适、可以歇脚的地方，在这歇脚的地方，你花了一些时间检查你生活中的所有紧张和压力；

给这些紧张和压力赋予颜色和形状，仔细地看着它们，然后把它们丢弃在小路上。”见图3－25。

图3－25

“继续上路，直到到达山顶，环视一下山顶，你发现了一处吸引人的舒适的地方，你坐下来，慢慢地放松。你现在感到完全放松了，体验一下完全放松时的感觉，再一次环顾一下你的周围，记住，这是你让自己轻松一下的特殊地方，你可以在任何时候到这里来。”

5. 数数催眠深化法

这一方法虽然不需要像前面的想象法那样的催眠深度作为使用的起点，但也不能在受术者催眠太浅的状态下进行。如果催眠状态太浅，会导致数数催眠深化法无效。

该方法是运用集中注意力的深化方法，所以最好用轻轻的缓慢语调来进行。操作程序如下：

(1) 施术者先用言语告诉受术者即将进行的催眠动作，说：

“我一数到20（或者30，50），你就会被诱导向更深的催眠状态，到时候你会觉得更舒适，”

“请仔细听我数数的声音，”

“仔细听，你就会逐渐地引向更深的催眠状态。”

(2) 施术者接着开始数数，说：

“好，1，2，3，”“进入朦胧的催眠状态了，”

“好，你更放松，更舒适了，”

“10，11，12……”

“眼前逐渐变黑，你进入更深层的催眠状态了。”

（3）施术者用这样的语调来使受术者进入更深的催眠状态。此时，施术者应注意观察受术者的反应。若发现受术者还没有进入深度催眠状态，就需要重复前面的内容。

3.2.4 潜力开发或治疗的过程与方法

进入深度催眠状态之后，人的身心活动就基本上由潜意识来控制了。这时，我们可以利用潜意识的特性进行人的潜力开发或开展治疗活动。人的潜力开发通常包括心理能力和生理能力两个方面，同样，治疗活动也包含心理疾病的治疗与生理疾病的治疗两大类。

在心理能力的开发方面，我们可以通过潜意识对心智活动的控制和管理，改变大脑皮层对知识的获得方式和组织方式，大幅度提高知识的获取速度和记忆效率，从而大大增强人的学习能力和其他心智活动能力。

在生理能力的开发方面，我们可以利用潜意识对人体生理活动的控制和管理，改善神经系统对肌肉骨骼系统的指挥和控制模式，提高人的生理活动能力，有效延缓人体组织的衰老速度，减少皮肤皱纹的生成等。

在心理疾病的治疗方面，我们可以利用潜意识对心理活动的控制和管理，改变大脑皮层暂时神经联系系统的通路链接结构，强化有利于积极情绪情感产生的联结通道，抑制消极情绪、情感产生的通道，从而改善人的心态结构与组织系统，达到根治心理疾病的目的。

在生理疾病的治疗方面，我们可以利用潜意识对大脑神经系统的控制和管理，改变神经系统对肌肉骨骼系统的指挥和控制模式，增强良性生理活动，抑制或阻止恶性生理活动，或抑制大脑皮层痛觉兴奋中枢，减少生理痛感觉，从而达到非药物性生理疾病防治和非药物麻醉除痛的目的。

潜力开发或治疗的领域非常广，其过程与方法也因目的和对象的变化而千差万别。为帮助催眠术初学者掌握潜力开发或治疗的基本方法与技巧，这里以几种常见的催眠现象为例，对潜力开发或治疗的过程与方法进行介绍。

1. 手运动能力的控制——手肌僵直的暗示

手运动能力的控制——手肌僵直的诱导是受术者处于深度催眠状态时运动支配阶段的常见催眠现象。这里，所谓手肌僵直是指伸直的一只手臂不能弯曲，或者放在膝盖上的一只手臂不能上举的现象。其产生的机制缘自暗示的“禁止效应”，即施术者在给予的暗示中有意暗示受术者身体的某些部位不能做某种运动。手肌僵直的诱导操作程序如下：

（1）施术者站在受术者的右侧，用右手拿起受术者的右手使之伸直。与此同时，施术者将左手放在受术者的右肩上，辅助右手拉直右臂。

“你的手变硬了。”

施术者边说边张开右手从下面支撑着受术者的手，并用左手轻轻抚摸受术者的手臂。在抚摸受术者的同时，反复暗示他（她）的手臂变硬了。

（2）受术者的手一变硬，在形成“禁止效应”之前，施术者用左手轻轻地抓住受术者的手确认，确认其是否已经变僵直了。

此时，如果仅仅因为已经确认受术者的手变僵直了，就给予其禁止动作暗示，那可能会非常危险。因此，最好再进行下面的试验。

（3）施术者的右手离开受术者的手，用左手一边抚摸受术者的手臂，一边尝试着按压一下。此时，如果发现受术者的手臂有抵抗上举的行为倾向，就可以给予禁止动作暗示了。

（4）“当我数到‘3’时，你的手就变得更硬，不能动弹。”

“1，2，3，”

“好，变硬了，不能动了。”

“现在你的手既不能上，也不能下了，”施术者一边说，一边悄悄把手挪开。

反复这样给予禁止动作暗示，受术者的手就会变得不能动弹了。

（5）在受术者接受禁止动作的暗示，并且产生“禁止效应”之后，施术者要尽快解除暗示。解除暗示的方法如下：

“我轻轻抚摸一下你的手时，你的手会慢慢变得柔软，”

“慢慢变柔软了，”施术者边说边用左手抚摸受术者的手。

（6）“当我的手离开时，你的手就会自然落到膝盖上。当手落到膝盖上之后，身体就会变得更加轻松舒适。”

“好，‘刷’……”

“手落下了，”说着说着，手一离开，受术者的手可能就落到膝盖上了。

若手落到膝盖上，就暗示说：“手一落到膝盖上，身体就更加放松了，也就变得更加舒适了。”

施术者一边说，一边进行深化的催眠。

2. 躯体运动能力的控制——人桥术

“人桥术”是躯体运动能力控制中常见的现象，由于直观、效果明显，故许多催眠表演活动都采用。催眠中的人桥术对催眠的深度要求不是很严，它甚至可以在觉醒暗示的状态下进行。当然，在深度催眠状态下进行，对于受术者来说，其感觉会比较舒服。人桥术的实施程序如下：

（1）在实施之前，准备好两张凳子或椅子，相向摆放在相距约等于受术者身高的2/3左右；召唤两名助手站在旁边。

注意：受术者穿戴不能臃肿，脱去外套，如果是戴眼镜者最好让其将眼镜摘下。

(2) 让受术者两手自然下垂于大腿两侧，手指紧紧贴住裤子中心线的后面，这样容易进入僵硬状态。见图 3－26。

(3) 接着施术者要求受术者闭上眼睛，并诱导说：

“我一数到 3，你就会被引向深度催眠的，”

“我一抚摸你的身体，你的身体就会逐渐地变硬，”

“越来越硬，”

图 3－26

“越变越像一根铁棒那样，硬邦邦的，”施术者一边说，一边按摩受术者的手臂。

(4) 接着，施术者说：

“好，请先并拢你的脚跟。”

“好，接着并拢你的脚尖。”

注意：并拢脚尖是关键，因为脚尖并拢后会使身体变得站不稳，容易倒下。

“两肩膀放松，”边说边将手放在受术者的肩膀上。

(5) “我一数到 3，你的身体就向后倒了，”

“你不要担心，我肯定会站在后面接住你，”

“1，2，3，”

“好，好，好，一直向后倒，再向后倒。”见图 3－27。

(6) 接下来，把受术者抬起来，轻轻放在凳子与凳子之间搭桥。

因为经常会有腰下垂的现象发生，所以搭在凳子上之后，施术者要一边用手向上托着，一边说：

“变得硬邦邦的了，更硬了，”

“就像铁弓一样弯曲了。”

此时，要设法让受术者的脊椎变得像铁弓那样弯曲。这样就符合桥梁建筑的力学原理。在力学上，即使在身体上放一定的重量也能够承受得住。

此时，施术者将手拿开，便成为一座“人桥”。

图 3－27

3. 疼痛的控制

运用催眠术来控制疼痛的做法自古就有，但那时是出于无奈而用之。因为当时人们没有研究出先进的止痛药物，也没有精密的麻醉技术。随着药物麻醉技术的发展，在商家的鼓噪下，人们嫌弃起催眠的烦琐，加上对部分人无法施行催眠，催眠控制疼痛的技术一度被遗弃。然而，当身心医学发展到现代之后，人们认识到了药物的副作用，催眠控制疼痛这种无任何副作用的技术又逐渐得到重视，应用的范围也不断扩大。不仅牙科常常运用催眠来控制疼痛，妇产科的分娩、外科的手术，甚至内科也都频繁采用。

催眠控制疼痛对催眠深度有一定的要求，就是必须在中度催眠状态的基础上才能实现。下面是右手手背催眠麻醉的操作程序。

（1）施术者让已经进入中度催眠状态的受术者坐在椅子上，一边用手按摩其手臂，一边说：

“我这样按摩你的手背，你的手背就会逐渐温暖起来，”

“好，稍微有点温乎乎的了，”

“变得更温暖了，”

“非常的温暖，”

“更热了吧?”

暗示受术者，让其感到温度在逐渐地上升。

(2) 接着，施术者用左手逐渐加力握住受术者的手腕，并停止右手的抚摸动作，改为轻轻压着受术者的手臂。说：

“这次我数到3，你的手反而会变冷。”

施术者一边说，一边逐渐加力地压住受术者的手背。

“变得很冷了吧，”

“变得越来越冷了，”

“变得像冰一样冷，”

“变得非常非常冷时，我的手接触你的手，你就感觉好像在接触很遥远地方的东西一样，”

施术者一边说，一边再次缓慢地抚摸受术者的手臂。

(3) 此时，施术者继续强化已有的暗示，说：

“啊！你的感觉变得越来越迟钝了，”

“你的感觉已经消失了，皮肤已经完全麻痹了，”

“你的右手完全麻痹了，”

“即使扎、拧你的皮肤，也不感到痛了。”

(4) 施术者接着试验一下，用尖的东西扎受术者的右手臂，看看受术者的反应。

施术者先轻轻扎，然后用大点力扎。若受术者面无表情，意味着他（她）根本就不感到痛。此时，催眠控制疼痛成功。

4. 想象力的开发

想象力的开发需要在深度催眠状态下进行，否则难以达到开发的效果。因为在浅度催眠状态下，即使是暗示了也不会产生想象，或者只是一味的单纯的想象，这对催眠想象能力的开发也没有多大的价值。尤其重要的是，必须要诱导受术者使其成为想象的主人公。

想象的诱导，一般应从受术者熟悉的东西开始，绝对不要去诱导太离谱的想象。施术者可以根据受术者的生活环境或者职业特性，选择其身边可能遇到的对象入手。如播音员、话务员、音乐家等，应从听觉想象的诱导着手；而对设计师、画家等，则应从色彩想象诱导入手。为了丰富想象，催眠中必须提供各种层次的想象暗示，引导受术者分析想象场景的构成要素和组合模式。以下是视觉想象力的开发程序：

（1）先检查一下受术者，看受术者是否已经进入深度催眠状态。若确认受术者已达到深度催眠状态，施术者暗示说：

“现在，我从1开始数到10，请仔细聆听，你就会感到自己不知怎的，身子一直向下沉，眼前一片黑暗。”

（2）上面这种暗示实际上是继续稳固催眠的深化状态。接着说：

“好，现在我继续数数，这次我一数到3，你的眼睛会看到红色，”

“一出现红色，你就把右手举起来，”

“好，我开始数数，”

“1，2，3，”

“啊，看见红色了，”

“渐渐地变得一片鲜红了。”

（3）施术者现在引导受术者变换颜色感觉。说：

“下面我一拍手就变成黄色了。”

“1，2，3，”

“好，手举起来了，看见黄色了，”

“一看见黄色，就好像是看见了黄色的玫瑰花（或其他受术者熟悉的黄色花）。”

（4）施术者注意观察受术者的表情举止，看是否形成催眠情景感觉。若举手或点头了，表示受术者已经产生颜色变换感觉。

此时，施术者引导受术者进行想象结构的分析，暗示说：

“有几支玫瑰花呀?”

受术者可能回答说：“3 支。”

“那么，这些玫瑰花放在什么地方呢?”

受术者可能说:“在花盆里。”

“花盆在哪里呢?”

受术者可能回答说：“在外面……”见图 3－28。

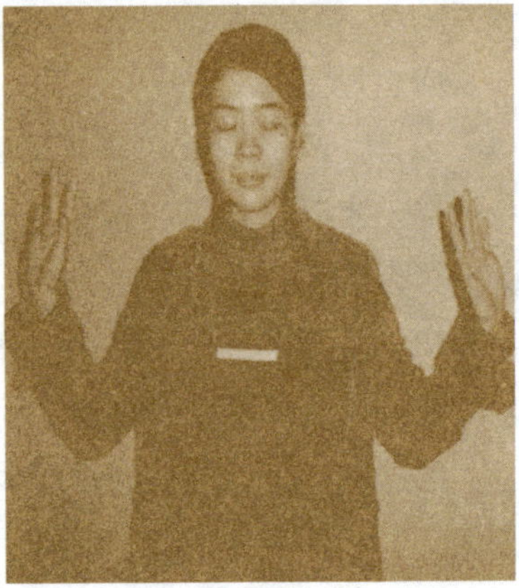

图 3－28

（5）接着，施术者可以引导受术者进一步丰富想象的层次，暗示说：

“你坐在宽阔的草坪上，周围开满了玫瑰花，还有蔷薇花等鲜艳的花，景色美丽，天空晴朗，心旷神怡。”“你看，远处有什么?”

此时，施术者可以根据受术者的回答，继续引导其展开想象，创造出更多的情景。

注意：必须让受术者闭上眼睛，确保眼前漆黑。颜色想象中最容易出现的是红色，其次是黄色、绿色。但如果是色盲患者，可能想象不出这些色彩，而只能是黑白或者灰色等。因此，对色盲患者的引导，可以从听觉、触觉、嗅觉等想象开始，其后再着手于视觉的想象。例如，先暗示受术者说：

“你闻到香味了吗?”

感觉到香味之后，就向下展开，暗示说：“你现在坐在玫瑰园中。”

在这里，让他感觉到似乎有香味时，也可以使用真正的香味。这是一种快速诱导想象的行之有效的方法，在催眠学领域被称为伪暗示法（deception method）。

3.2.5 解除催眠的过程与方法

解除催眠（ending），即让被催眠者从催眠状态，回到日常的意识状态的环节。这是催眠施术过程中的最后一个，但不是次要的环节。施术者不能对这个环节掉以轻心。否则，受术者将会感到种种不适，甚至留下后遗症。

解除催眠的方法依催眠的内容而变，常见的方法有动作觉醒法、心理觉醒法、数数觉醒法等。以下择要介绍上述几种方法。

1. 动作觉醒法

动作觉醒法是利用受术者身体对施术者动作的感应而产生催眠觉醒的方法。该法因其安全性好、操作简便而得到普遍采用。操作程序如下：

（1）施术者先用两只手分别按在受术者的两个肩膀上，十个指头同时做快速弹压动作，从慢到快，弹压力度由弱到强；同时，暗示说：

“你全身的血液循环逐渐加快了，从心脏慢慢上升至头部，你的知觉也逐渐恢复了。你将从催眠状态中逐渐清醒，现在我的手指在你的肩膀上弹压，你的身心都会感到非常愉快。”

（2）此时，施术者注意观察受术者的反应。若发现受术者立即睁开眼睛，说明他（她）可能从催眠状态中清醒过来，或者逐渐醒来。不过，也可能向强直状态转化，并由强直状态转化为深度催眠状态，再由深度催眠状态转化为浅度催眠状态。因此，施术者需要继续暗示受术者，说：

“你很快就会醒来，眼皮已经颤动，两眼已经逐渐睁开了。”

"你睁开眼睛后，会感到特别舒服，精神振奋。"

(3) 施术者继续注意观察受术者，若发现受术者精神恍惚、似睡非睡、睡眼微睁，表明受术者处于半醒状态。此时，施术者应大声暗示说：

"你醒来了，赶快睁开眼睛，不要再闭上眼睛，不要再闭上眼睛。"施术者一边说，一边用手重重地压受术者的肩膀，并用力摇动。这样，受术者一定会完全睁开眼睛，醒来。

2. 心理觉醒法

心理觉醒法是运用语言的暗示作用，让受术者逐渐觉醒的方法。操作程序如下：

(1) 施术者将注意力高度集中在受术者身上，慢慢诱导其醒来。暗示说：

"你的意识已逐渐清醒了，已经由深度催眠状态转化为浅度催眠状态了。"

"你的眼皮在眨动，你即将醒来了。"

"醒来之后，你将感到精神抖擞，非常愉快。"

"现在我来帮助你醒来。"

(2) 这时，施术者一边说，一边用两只手的大拇指轻轻地开启受术者双眼的上眼皮，并暗示说：

"现在你已经醒来了，请张开眼睛看我。"

(3) 施术者此时应仔细观察受术者的反应。若受术者睁开眼睛，表明已经转入清醒状态。若没有睁开眼睛，则需要继续重复以上暗示语言。说：

"再稍等一会儿，你就会心情舒畅地觉醒起来。所以，请你安静地休息一会儿，定一定神，就会完全觉醒起来的，醒来后你会觉得轻松愉快。"

注意：整个过程的时间不要太短，最少不能低于40秒钟。过于短暂，受术者醒来后会感到头昏脑涨。

另外，觉醒暗示语言的内容要根据催眠内容而定。例如，若是手臂僵直催眠状态，施术者就应该说："你的手现在变得柔软起来了，变得松弛了。在解除手臂僵直之后，再让他（她）放松，并使之觉醒。"

3. 数数觉醒法

这是催眠觉醒法中最简便，也是最流行的觉醒方法。操作程序如下：

（1）在受术者觉醒之前，施术者先给予暗示，说：

"现在我从1数到5，当我数到5时，你会突然醒来，立即变得很清醒，并感到非常舒服。"这一暗示可能需要反复强调多遍。

（2）施术者开始数数，大声说：

"1，2，3，"

"你的眼睛变得明亮起来了，"

"眼睛一眨一眨地睁开了。"

"4，5，"

"好，眼睛慢慢睁开了。"

（3）此时，若受术者没有立即睁开眼睛，就要继续悄悄暗示说：

"再安静一会儿，你就会清醒过来了，"

"请你再安静，定一定神，就自然会睁开眼睛。"

注意：喊"4，5"时，声音要洪亮，要给受术者一个突然的强刺激，使之从催眠状态中解放出来。

思考与练习

1. 请谈谈催眠施术的条件。
2. 请找人作催眠对象，通过暗示将其诱导至中度催眠状态。

第 4 章　自我催眠

本章要点

1. 解释自我催眠的含义、作用和技术原理。
2. 分析自我催眠的实现条件、主要过程与方法。

4.1　自我催眠概述

4.1.1　自我催眠的含义

自我催眠是人类最古老的实践之一，它与宗教活动、预测活动、医学活动、各种神秘色彩的活动都有着广泛的联系。自我催眠其实有着深奥的道理，人类自古以来对它的崇拜与应用是有原因的。自我催眠作为实践，它有许多经验、方法；作为一种理论，它也已有许多解释。这种解释是对“他人催眠”的必然延伸。自我催眠同他人催眠一样，是通过心理暗示而作用于人脑的潜意识的，它是人类找到更有力的调整、影响潜意识的手段。

所谓自我催眠，是指个体通过肯定性的心理语言或意念来诱导自己进入催眠状态，促使潜意识主导自身的心理与行为活动，从而实现潜能的自我开发或身心的自我调节。

自我催眠与常识中经常发生的意志强化法有相通的一些方面，表现为两者都利用了“言语暗示”的作用。例如，反复在自己心目中进行诸如“一定能够把烟戒掉”、“一定能够好好地与陌生人谈话”等暗示，用以达到戒烟或增强与陌生人沟通的信心。正由于人类能够借助言语的武器来给自己暗示，才使自我催眠成为可能。

但是，自我催眠与常识中经常发生的意志强化法又有不同的地方。首先，自我催眠除了言语暗示之外，还有身体动作的配合。这利用了身心交互作用的原理。一般而言，人类的身体对外部刺激存在本能的反应，而来自身体的刺激可以对心理活动产生巨大的影响。因此，与仅仅通过对自己心理进行直接暗示相比，对身体的暗示首先具有更为可靠和更有保障的特点。其次，来自身体的催眠还具有容易记忆的特征。以学游泳为例，初学游泳者并不是先学会水的张力与手脚的腕力、脚力之间的力学原理，而是首先熟悉水性，进而认识身体从水中浮出的“自然规律”，这种认识一旦用身体记住了，身体就绝对不会忘记。有研究表明，人类通过大脑记住的东西，大部分人会逐渐忘记其中的80%；通过身体所形成的记忆则更为强烈和久远，身体的记忆往往能保持100%的发挥作用。

从与“他人催眠”相比较来看，自我催眠是主体借助自我心理语言或意念来进行暗示，并自我完成大脑皮层活动从意识主导到潜意识的过程。自我催眠靠的是“自律”，而不是外力的作用。有研究表明，这种“自律”性催眠在脑生理上存在与“他人催眠”不同的特征。自我催眠时所出现的脑电波尽管也可以看见类似于θ波的波形，但通常以安静型的α波为主，这与“他人催眠”时主要以θ波的波形为主构成鲜明的对照。

此外，自我催眠作为一种应用技术，具有不受时间和地点限制的特点，它可以在任何时候、任何场合进行。可以认为，自我催眠术最具备普及的潜质。

4.1.2 自我催眠的作用

自我催眠具有多方面的利用价值，它能帮助自我催眠者开发自我潜能和有效进行自我心理调节。具体表现在以下几方面：

（1）自我催眠术能有效地改善自己的心态。每个人都想有个成功的人生，而任何意义上的成功，其首要条件都是要有一个较为自信的自我、一个心理健康的自我。大多数经常做自我催眠的人认为，自我催眠术给他们最大的帮助就是改善自我的状态。当今时代，无论是企事业单位的管理人员，还是即将面临重要考试的学生以及其他人，都常常处于高度的心理疲劳状态之中。他们时常感到紧张焦虑、头昏脑沉、思路不清、情绪烦躁不堪，其最大的愿望是埋头睡上三天三夜，事实上又不可能。这些人如果能学会自我催眠，把自身诱导到催眠状态，连续给予积极的自我暗示，激发自己的潜意识，让潜意识发挥作用，那么，他们的疲倦感、紧张感就可以得到缓和，并可能变得头脑清楚、耳目一新、精神振奋、心情愉快。

（2）自我催眠能有效开发学习潜能。在学习能力的开发方面，我们可以通过潜意识对心智活动的控制和管理，改变大脑皮层对知识的获得方式和组织方式，大幅度提高知识的获取速度和记忆效率，从而大大增强人的学习能力和其他心智活动能力。例如，我们可以做一个这样的实验，在自我催眠的状态下，一个只有初中学历的人背诵1 000个研究生英语考试大纲中的词汇。通过自我暗示，记住这些词汇之后，再也不会忘记。一般而言，在经过一段时间之后，被试又可以在催眠中一字不漏地把1 000个单词正确地回忆起来。再比如，外语学习中的听说能力常常成为学习的难点，如果运用催眠术，在潜意识的主导下将语音模式“移植”在大脑皮层中，则当催眠后效形成后，外语听力和理解能力将会得到奇迹般地提高。

（3）在心身疾病的防治方面，一些身体上有毛病，如头痛、肩酸、面部痉挛、风湿症、频尿症等患者，若学会自我催眠，把自身诱导到催眠状态，连续给予积极的自我暗示，激发自己的潜意识，让其发挥作用，就能使患者变成心身俱全且健康的人。

对过度内向的人或患有对人恐惧症的人，也可借助自我催眠来认识自己，找出原因，并用暗示来谋求性格的改变。

在催眠状态中，因为心身由紧张转变成放松的状态，心绪安然，即使不给予特别的暗示，生命的自然治愈力也会强化。所以偏食、夜尿症、拒不上学等坏习惯和头痛、便秘或烟酒过度等，都可以借助自我催眠来矫正。

4.1.3 自我催眠的技术原理

人要使神经变得紧张，可以借助意志力的作用而轻易地办到。但相反的，要使神经达到宽绰的松弛状态，可就是相当麻烦的事了。许多赞同“心理支配身体”的人，也许会对“肉体左右心理”发生疑问，但肉体的苦痛如何能影响到心理，而使人的行动失常，这可在受到意外伤害时获得了解。或者突然觉得肚子痛时，思考力就立刻减退，这是许多人都曾有过的经验。那么，人能不能通过操纵身体变化来达到心理训练的目的呢?

基于身体变化的角度来做的心理训练，其实并不鲜见。日常生活中的柔道、剑道及空手道等武术训练中就包含许多基于生理变化的心理训练；而一些修行者或玩弄巫术者的苦修行或坐禅、瑜伽术等，则基本上属于自我催眠了。譬如，民间流传的白隐禅师之“内观法”，简直可说是巧妙的自我催眠，尤其是“软酥鸭卵法”，可谓“典型”的自我催眠术。所谓“软酥鸭卵法”，是用坐禅的姿势做的观法的一种，而“软酥”乃是芬郁的多种仙药所炼成的东西，就是要将这“软酥”团假想成鸭蛋大小而置头顶的情况。于是那“软酥”就被体温逐渐溶解，先是湿润头部，飘着芳香从肩膀沿着胳膊流到两手指头……一直这样想象着，头及双臂都会变得很温润。

佛教所进行的坐禅也是通过操纵身体来达到心理训练目的的方法。根据坐禅的修行理念，“身心合一”的体验是可以修炼得到的，只要能够按照严密的功法不断进行修炼，就可以最终发现那个身体和心理没有任何区别的真正自我。“悟”是一个包含很深的佛教意识的用语，用浅显易懂的话说，就是认识自己的本性。

坐禅的方法是：首先选择一个寂静的地方，将右脚放在左腿上，左脚放在右腿上，腰下放置一个靠垫，直腰收颔而坐；然后如佛像那样两手并拢放置于肚脐下方，两眼睁开，将视线投向一米远的地方。接下来，调整姿势（调身），静静地、舒缓地呼吸（调息），调整心境（调心）。坐禅可以进行 30～60 分钟，反复进行，让心境平和舒适，排除杂念，就这样坐着，将自己导入“身心如一”的境地。在坐禅的过程中，要力避睡眠、杂念干扰和注意力不集中。从正确的坐姿开始，心平气和地将自己导入自然的境地，这乃是坐禅的要点之所在。可以看出，坐禅的理论基础实际上就是通过控制身体来达到控制心理的目的。

类似坐禅这样的自我催眠形式多样，其方法与过程也千差万别。但原理相同，就是通过控制身体来达到控制心理的目的。德国心理、生理学家舒尔茨博士经过长期的催眠实验研究，总结出自我催眠的自律训练法，建立了自我催眠的技术体系，并于 1933 年出版了他的专著《自律训练法》。

舒尔茨博士曾向许多催眠受术者询问，进入催眠状态时的身体感觉，并将其加以统计整理，结果显示催眠过程的体验存在很大的共性，这就是：人们在即将进入深度催眠前，最先感觉到的是手脚变得沉重起来，其次是温暖的感觉在身体中扩散，而且呼吸顺畅，情绪稳定，接着心情趋于松弛，等等。这些现象依次发生，并构成深度催眠的前提条件。于是，舒尔茨博士就以身体所受的感觉为基础，组成一连串的自我暗示体系，并将其作为基本原则，建立自我催眠法，即现在最普遍也是最实用的自律训练法。本章将以舒尔茨的自律训练法技术体系为基础来展开叙述。

舒尔茨的自律训练法由7个阶段组成，它们依次是：①准备阶段。②四肢的重感阶段。③四肢的温感阶段。④心脏有规律地跳动阶段。⑤呼吸的调整阶段。⑥腹部的温感阶段。⑦前额的冷感阶段。这7个阶段按顺序发生，前一阶段一般是后一阶段的前提，后一阶段则为前一阶段的继续，并由此构成一个完整的自我催眠程序。

4.2 自我催眠的过程与方法

4.2.1 自我催眠的准备

1. 场所的选择

(1) 地点：宜选择自己的房间、寂静的公园等安静且可以平心静气的地方。在练习过程中，尤其在练习的初期很容易受到外来刺激的影响，因此，场所的选择务必谨慎。原则上以选择宁静的场所为宜，以卧室比较合适。倘若已达到炉火纯青的境地，那就在任何地方都可以，包括工作单位甚至公共汽车上。

(2) 温度、采光与通风：气温适中，通风要好，光线不要太亮。适宜的温度和良好的通风有利于精神的集中。

2. 穿戴

将腰带、手表、胸罩、领带等解开，袜子、眼镜（戴眼镜者）脱下来。为了尽可能减少外来刺激的影响，练习开始之前应将那些容易让人感到瘦小、发紧的东西解开、脱掉。

3. 姿势

基本的姿势有坐姿、仰卧姿、倚靠姿等三种，其中坐姿较为简便。若采取卧式，则伸直身子躺在床上的褥垫上，抬起胳膊，一直超过头部。伸直双脚，尽量坚挺着全身。然后迅速把手放到两胁，让全身放松。闭上眼睛，首先把精神集中在两脚的脚尖上，然后让脚尖放松。

坐姿比较简单方便，但不同的阶段对姿势的要求有所不同。对于③、⑥两个阶段可能采取仰卧姿势更为合适。

4. 生理准备

轻闭着眼睛，先把气息全部吐出来。接着由鼻孔慢慢地吸气，再把它储存在肚脐下气海丹田的地方。用两只手像怀抱似的按住下腹部也是个好办法。最初吸气时间为 5 ~ 10 秒，练习时间共 30 ~ 60 秒。

闭上眼睛可以更好地将注意力集中于肢体，有利于让自己真正感觉到身体的变化。最好不要在空腹时、饱餐后一小时内，或沐浴后 30 分钟内进行，以避免生理上的干扰。

5. 心理准备

闭上眼睛，将基本暗示输入自己的心中最为重要。请想象自己的脚、膝盖、大腿都一一舒适地浸泡在水中，这样一来全身肌肉都放松了。接着放松背脊和两肩，然后放松胳膊、手、指头和下巴，脸上的肌肉也放松。接着，请想象自己的身体渐渐沉重起来，终于深深地陷在褥垫中。这样一来，自己感觉不到自己的重量，就这样保持两三分钟——完全放松了，心情十分舒适。接着，请想象自己是一朵云彩，一朵特别轻盈、万念俱空的、飘拂在辽阔蓝天上的云彩……

在自我催眠中，心理上的准备最为重要。主要是不断进行轻松、若无其事的暗示。要怀着一种被动、随意且开放的态度练习，放任一切随其自然地发生，没有任何预设的企图或意向。简单地说，就是带着一种“随它去吧”的心情。输入类似“胳膊重重的”等暗示语，这样一来，受到暗示的身体各部分，会毫无抵抗地顺着自己的意愿行事。身体的各部分若按照心中的想象运作，集中的程度不仅可以增加，而且催眠的效果也更为理想。

4.2.2 四肢重感训练的操作程序与效用

四肢的重感训练，是自我催眠中自律训练体系的第一个阶段。在这一阶段，可以通过松弛胳膊的肌肉，放松紧张的末梢神经，进而使过于紧张的心理处于自然的、缓和的状态。其催眠的技术指标是要达到真正感到“胳膊重重的”。

1. 操作程序

(1) 选择坐姿，且尽量避免坐那些使人腰痛的硬椅子。踏踏实实地坐下来，两脚触地，两手轻轻地放在大腿上。两手略为分开，脚后跟略分开。注意，身体不要向左右方向歪曲，正面朝前。接着，放松全身，以不致倒塌为限，让全身处于松弛状态。头部略往前垂，只要是放松了全身，背部略微弯曲也可以。见图4－1。

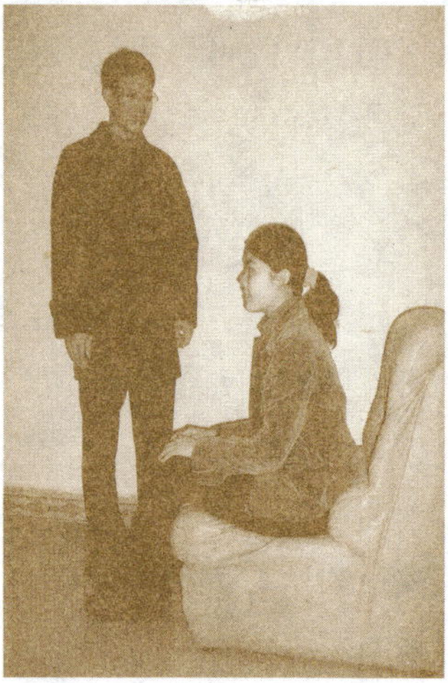
图 4－1

(2) 轻轻地闭上眼睛。在大约30～60秒的时间内维持这样的状态，并尽力从大脑中排除杂念。不要考虑任何事情。

(3) 等心境平静下来之后，开始进行自我催眠。用右手（左撇子用左手对左胳膊）对右胳膊施加暗示。想象“胳膊重重的哦”。此时，要尽量去感觉“重重的”，但并不是手持重物的那种感觉，而是近似于“胳膊懒洋洋”的重重感。

(4) 接下来，继续进行自我暗示，默念道：

“胳膊重重的……胳膊重重的……胳膊重重的……”在心目中反

复这样默念，并将注意力集中于胳膊的肌肉，但不要强制性地寻找这种感觉。任自己自然地、逐渐地感到“胳膊变得越来越重了”。

(5) 等脑海中浮现出“胳膊懒倦”的感觉之后，“胳膊重重”的感觉便会逐渐被“胳膊懒倦”的感觉所取代。此时，你可能会感觉到胳膊已经不是你自己的了，到了这个程度，表明催眠进展顺利。

(6) 接着，继续重复暗示，默念道：

“胳膊重重的……胳膊重重的……胳膊重重的……”

(7) 此时，你不用再去努力，很快，你的胳膊真的变重了。在胳膊变重的同时，你的心理也从所有的紧张之中解放出来。

“啊，胳膊好重啊，心情也变得特别舒适，好自在啊!”

有了上述感觉，第一阶段的自我催眠任务就基本完成。

(8) 作为练习，为暂时告一段落，需要从催眠中觉醒。因此，接下来要进行觉醒操作。

(9) 坐在原地，用力屈伸你的胳膊和腿，慢慢地左右晃动几下，然后做2~3次深呼吸。这是催眠终了时必须做的动作。以后各个阶段也都要进行这个动作。

注意：练习结束时，绝对不能从坐姿中猛然地站立起来。另外，若感觉到想咳嗽或者打哈欠，或者有蚂蚁在皮肤上爬行的感觉，要立即停止，等充分消除这些刺激后从头开始。

需要说明的是，第一阶段是自我催眠的入门，如果能够感觉并体会到这种“胳膊重重”的感觉，其余各个阶段就可以相对容易地进行。

2. 四肢重感训练的效用

四肢重感训练的催眠技术指标达到之后，你将完全解除手脚肌肉的紧张，使末梢神经得到休息。此时，你会心绪怡静舒适，使自己自然地达到充分宽绰的状态。在这样的状态下，对害羞症，即在他人面前感到羞怯，或轻度口吃等可以得到治疗。

4.2.3 四肢温感训练的操作程序与效用

在完成第一阶段的任务——感觉到“胳膊重重的”之后，接下来就可以进行第二阶段的自律训练。第二阶段的自我催眠是要通过优化肌肉毛细血管血液的运行状况，解除整个身体和心理的紧张；催眠的技术指标是感觉到“胳膊热热的”。

1. 操作程序

这里，假定已经达到过第一阶段的催眠技术指标，但不是紧接第一阶段连续进行第二阶段的训练，因此，需按照以下程序操作：

（1）选择坐姿，踏踏实实地坐下来，两脚触地。姿势与第一阶段相同。以不让身体摔倒为限，让全身处于松弛状态。轻轻地闭上眼睛。等心境平静下来之后，开始进行自我催眠。用右手（左撇子用左手对左胳膊）对右胳膊施加暗示。想象“胳膊重重的哦”。此时，要尽量去感觉“重重的”，但并不是手持重物的那种感觉，而是近似于“胳膊懒洋洋”的重重感。

（2）接下来，进行自我暗示，默念道：

“胳膊重重的……胳膊重重的……胳膊重重的……”在心目中反复这样默念，并将注意力集中于胳膊的肌肉，但不要强制性地寻找这种感觉。任自己自然地、逐渐地感到“胳膊变得越来越重了”。

（3）当感觉到“胳膊重重的”之后，继续暗示自己，在心里默念：

“胳膊热热的……胳膊热热的……胳膊热热的……”

此时，将身体内的注意力集中于胳膊，努力让自己感觉到“哦，胳膊重重的，胳膊热热的啊……”过一会儿之后，自己的身体周围会产生一种“倏——”的一下的感觉。这时，大脑中应该能够映现出你自己胳膊的形态，或者胳膊里肌肉的样子可能会在头脑中浮现出来。

（4）接着，继续重复暗示自己，“胳膊热热的”，浮想自己胳膊的样子。此时，可能会真的感觉到“胳膊热热的呀”！起初，这种感觉可能维持的时间非常短暂，稍纵即逝。但逐渐地，会越来越强烈，越来越固定持久。

（5）当胳膊的表面被感觉到“暖暖的”时候，就应该觉醒了。慢慢地睁开眼睛，坐在原处，重复做两手两脚的屈伸运动，并深呼吸2～3次，然后慢慢地站起来。

注意：在练习过程中，如果感觉到胳膊痒痒的，或者有其他的不适，要立即停止训练，从头开始。若经过30分钟至1小时以上的练习，仍然不能成功的话，就可以认为身体正处于难以催眠的状态，需要改在其他时间进行。一般情况下，每天坚持练习一次，每次20分钟左右，3～7天之后就可以真正体验到“胳膊热热的”感觉。

（6）一只胳膊催眠成功之后，接下来就可以催眠另一只胳膊；两只胳膊催眠成功之后，接着催眠两只脚。催眠顺序一般从手（脚）开始。一只胳膊催眠成功之后，就可以自信地进行下一步的练习。

如果在任何时候，在一定的场合下能够在短时间内（20～40秒）让两只胳膊两只腿产生“热热的”感觉，就可以认为完全掌握了第二阶段的自我催眠术了。

2．四肢温感训练的效用

四肢温感训练的催眠技术指标达到之后，你的末梢神经会扩大，血液循环变得顺畅，使皮肤新陈代谢加快。在这样的状态下，对那些患有冷寒症、冻伤或容易感冒体质的人等是有惊人的效果的。另外，对一些想缓患面部皱纹的中年妇女等，如在刚结束四肢温感训练时，一面做“眼角暖和”的暗示，一面按摩此部位，有很好的青春永驻的效果。

4.2.4 心脏有规律跳动训练的操作程序与效用

自律训练的第三阶段——心脏有规律跳动训练的主要目的，是通过调整心脏的机能消除精神的紧张。本阶段催眠的技术指标是能够感觉到“心脏的跳动静静的”，这是一个比前两个阶段的指标更难的催眠技术指标。不过，对于那些真正掌握了前两个阶段技术的人来说，实现本阶段的技术指标也不是非常困难的事。

1. 操作程序

（1）首先，躺在床上或椅子上，头枕着枕头仰卧着躺下来，两腿适当松弛，全身放松。脚指头呈 V 字形朝向外侧。胳膊放松略弯曲，并置于身体的两侧，手心朝下，手指自然地呈略微弯曲的状态，但手指不能触及身体。此时，与前面两个阶段一样，不能过于放松至感觉到精疲力竭。见图 4－2。

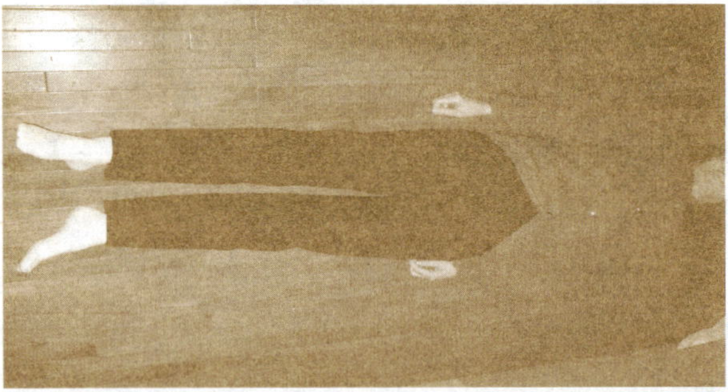

图 4－2

说明：采取仰卧姿进行本阶段的训练最为有效。当然，如果习惯了坐姿，用倚靠姿也可以。但无论采取何种姿势，务请保证身心舒适，以免分散注意力。

（2）调整好仰卧姿势后，轻轻地抬起右胳膊，手心朝下放在左胸心脏的正上面；左手原地不动。此时，可以在右胳膊肘的下面垫上一个靠垫，支撑着胳膊。

（3）凝视下图（图4－3）10秒钟，并反复浮想该图。

图4－3

（4）静静地闭上眼睛，大约10秒钟后，你会注意到自己完全平静了下来。好！可以开始进行自我催眠了。

（5）此时，你的心脏在自己的右手下面，很有规律地跳动着。将自己的注意力全神贯注于心脏轻微的搏动上。然后，在你的头脑中浮现出自己正在跳动的心脏的样子。

（6）慢慢地，你的手感到心脏的搏动逐渐增强了。心脏“咚，咚，咚……”的搏动声传到你的右手手心，又静静地传遍你的整个身体。这时，你会感觉到心脏不停地搏动着。在心脏的有力搏动中，你会感觉到自己的右手仿佛就要飞起来一样。

（7）接着，你要在脑海里默念这些话：

“胳膊重重的……胳膊热热的（重复三次）……心脏的跳动静静的……心脏的跳动静静的……心脏在有规律地静静地跳动着……”此时，那种重重的、热热的感觉便会从你的胳膊传到两腿，最后扩散到全身。接着会出现或强或弱的心脏跳动。

（8）此时，心脏的搏动和心情的起伏融为一体了。再一次让那轻轻地、静静地跳动着的心脏融入你脑海。

“心脏的跳动静静的……心脏的跳动静静的……”

（9）接着，你会逐渐感觉到呼吸变深了，次数减少了，心脏的跳动也舒缓了。此时，你可能会在一刹那根本感觉不到心脏的跳动。

这是因为你与心脏的跳动融为一体了。即使听不到跳动，也没有必要感到不安。静静地、慢慢地，跳动又回来了。

（10）练习至此，你会感觉到自己的心脏仿佛是荡漾在微微细波之上的一叶小舟，随着愉快的旋律在舒缓地跳动着。至此，你终于能够将你融入自己的心中。

“啊，心情真好哦……”当你有这样的实际感觉时，第三阶段自我催眠训练的技术指标就达到了。

（11）这时，你需要从催眠中觉醒过来。首先，睁开眼睛，然后保持仰卧的姿势，将两腿慢慢地并拢，膝盖略微上抬，把右手轻轻地放回原来的位置，并做深呼吸；两手用力，使上身保持慢慢支撑起来的姿势。接着，坐立起来。

注意：如果在催眠过程中，或者在催眠刚刚结束时，感觉到胸闷，请立即终止，并尽快从头开始。此外，如果一节的练习时间超过 20~30 分钟，仍不能进入催眠状态，则请改日再进行。

2. 心脏有规律跳动训练的效用

心脏跟其他内脏器官一样，是由神经系统控制着的。尽管心脏是通常用意志力也无可奈何的器官，但当自己催眠暗示一旦到了有规律跳动这地步，心脏的活动是会发生变化的。通常脉搏数会减少到每秒约 5~10 次，血压也会下降。在交感神经兴奋时，脉搏数顿增，心脏强劲跳动的情形，相信谁都会有经验的。但是如果是副交感神经在活动时，即相反的脉搏数会减少，心脏的跳动趋于平稳安静。心脏安静地休息，能舒服地解除精神的紧张。掌管着感情支配的脑中枢与调节心脏活动的自律神经中枢，是有表里一体的关系的。所以对于镇静感情，这些暗示有着极大的作用。

另外，心脏有规律跳动训练的催眠技术指标达到之后，对于那些在人面前就忐忑不安的人、口吃的人、脸红的人、易怒的人，或动不动就打架的人、焦虑症患者等，都有显著的治疗效果。

4.2.5 呼吸调整训练的操作程序与效用

自律训练的第四阶段——呼吸的调整训练，是通过调整呼吸进而解除整个身体和心理的紧张。在第一、二阶段，实际上已经有“呼吸变得轻轻松松的”感觉，本阶段主要是进一步强化这种感觉，从方法上予以组织化。因此，这一阶段的催眠技术指标是比较容易达到的。

1. 操作程序

（1）采用坐姿，在椅子上朝正前方坐下来；背部放松，手脚的注意点与第一、二阶段相同。按照要求，既不能紧张，也不要采取无精打采的姿势。

（2）静静地闭上眼睛，让心境逐渐平静下来。接着可以开始自我暗示，心中默念说：

“胳膊重重的……胳膊热热的……心脏的跳动静静的……呼吸轻轻松松的……呼吸轻轻松松的……”在脑海里反复默念。

（3）合着呼吸的节奏，在心中默数：“1——2——3……10。”

（4）过一会儿，你可能首先感到的是重重的、热热的感觉扩展到全身，心脏在舒缓地、静静地跳动着，渐渐地、渐渐地你感觉到自己的呼吸变得慢下来了。慢慢地、慢慢地呼吸加深了，仿佛整个身体都在呼吸，深深地、愉快地、轻轻松松地呼吸。你的身体像波浪一样随着呼吸的节奏而起伏，并向前后左右摇晃起来。

（5）上述这样的感觉如果能维持一段时间，则表明已经达到第四阶段的催眠技术指标。

（6）接下来，就可以实施觉醒操作了。

（7）坐在原地，静静地睁开眼睛，接着屈伸胳膊5次，用力伸。然后尽可能做深呼吸，再慢慢地坐起来。

注意：呼吸要用鼻子静静地做，并非故意用力做深呼吸。一边按平常轻松的心情时“呼吸轻松，空气清香”暗示自己，一边呼吸即可，甚至可以随便哼着喜欢唱的歌也可以。但要保证氧气和二氧化碳的浓度不能失去平衡。如果失去平衡，会造成所谓的缺氧状态，使人感觉头痛，疲劳感、倦怠感加剧，或招致注意力的散漫等，这是大多数人经验过的。

普通人正常的呼吸数，在休息的状态是每分钟14～16次。但是在自己催眠的时候即减少到约10～12次。进入了深沉的催眠状态就更少了，自然而然地成为平稳的长呼吸。

2. 呼吸调整训练的效用

借助呼吸的调整，心情就自然而然地得到舒畅，正如禅僧用坐禅的调息达到“大彻大悟”的境界一样，成为所谓的“刚愎的人”。这时，不但诸如偏食或坏习惯等，很容易得到矫正，而且一向被视为很难的戒烟、戒酒等，也可借着这种调息而毫不费力地达成目的。

4.2.6 腹部温感训练的操作程序与效用

第五阶段的自我催眠训练，是要通过温暖位于腹部，被称之为太阳神经丛的神经纤维群，调整内脏各个器官的机能，进而保持精神的安静。

交感神经、副交感神经无所不在地分布于整个身体的各个部位，尤其是腹部集中了为数众多的神经纤维，这些神经纤维像太阳的光芒那样呈光束状分布。其中相当于太阳本身的部分被称之为太阳神经节，连同四周的光束，统称为“太阳神经丛”。太阳神经丛在保证胃、肠、肝脏、肾脏等的正常活动方面发挥着重要的作用。因此，腹部温感训练的催眠技术指标就是感到“太阳神经丛热热的”。

1. 操作程序

（1）在一张椅子上踏踏实实地坐下来，背部挺直，面朝正前方。

两脚合适地平放于地，双手放在膝盖上面，眼睛可以睁着。见图4－4。

（2）将右手手心朝腹部方向，置于胸骨（位于胸的中心，呈纵向的骨头）下端与肚脐的中间，离开大约3厘米的地方。

注意：不能从衣服的外面压住腹部，手心必须离开身体一小段距离。

图4－4

（3）做好上述姿势后，首先在心里想象：从自己的手心射出温暖的光线，这光线照在你的腹部，腹部渐渐变得温暖起来……

（4）接着，闭上眼睛，在心中默念：

“从我的手心发出的温暖光线，一直照透我腹部的深处。热量穿越衣服和皮肤，一直往更深的地方照射……”

（5）保持既定的姿势，重复上述暗示大约5分钟。此时，你可能在不知不觉中，在手心所对的腹部的一个地方，涌起了热热的、重重的感觉。那个地方就是你太阳神经丛所在位置。

（6）在发现了太阳神经丛之后，接下来在心中默念：

“胳膊重重的……胳膊热热的……心脏的跳动静静的……呼吸轻轻松松的（重复两次）……太阳神经丛热热的……太阳神经丛热热的……”

（7）当感觉到腹部的脉搏在静静地搏动着时，你的胃会开始变得暖暖的，也许还会有一种空腹的感觉。这时，表示催眠快成功了。继续重复暗示：

"太阳神经丛热热的……太阳神经丛热热的……"

(8) 当你感觉到太阳神经丛猛地变热了，从胃的四周到下腹部都是暖暖的、热热的，此时，表明催眠已经成功。

(9) 接下来，你需要从催眠中觉醒了。保持原来的姿势，静静地睁开眼睛，用力屈伸胳膊和双腿，进行2~3次深呼吸，然后慢慢地站起来。

注意：对那些找不到太阳神经丛位置的人而言，可以换用别的暗示语，例如"肚子热热的"、"胃热热的"、"心窝儿热热的"等，也能达到此阶段催眠的技术指标。

2. 腹部温感训练的效用

腹部不但包括由摄取到排泄的全部器官，女性还有孕育下一代生命的子宫，强化这些器官，既可对冷寒、恢复精力等有立竿见影之效，也可增加性生活的快感。另外，别忘了做腹部温感训练的同时，也要做腰部温感的暗示。对更年期毛病或歇斯底里症状等，这种暗示的完整应用，常有惊人的效果。

4.2.7 前额冷感训练的操作程序与效用

终于到了自律训练的最后阶段了。这一阶段的练习是通过使额头变凉，而令大脑的机能产生最佳的效果，进而改善人的记忆、想象、思维等能力。这一阶段的催眠术，是一项高等技术，它既是对身体进行暗示的催眠，又是对心理进行暗示的催眠。这一阶段的催眠成功之后，你可以进入无意识状态，并发现自己从未注意到的性格和欲望。本阶段的催眠技术指标是感觉到"额头凉凉的"。

1. 操作程序

(1) 取仰卧姿势躺在床上或其他地方，但必须确保舒适；静静地闭上眼睛。见图4-5。

图 4－5

（2）让大脑呈现一片空白，使心情平静下来，不要考虑任何事情，等待你的心理安静下来。时间约 20～30 分钟。

（3）待排除所有杂念、心情平静之后，给自己暗示，即在心中默念：

“胳膊重重的……胳膊热热的……心脏的跳动静静的……呼吸轻轻松松的……太阳神经丛热热的……额头凉凉的……额头凉凉的……”反复数次。

（4）继续自我暗示，心中想象：有凉凉的风吹过额头，热量从额头溜走。

（5）继续自我暗示，心中想象：一个人在广阔的湖面上静静地荡漾着一叶小舟。风不时地掠过自己的周身，有时强劲，有时轻柔。这风将你的不安、担忧、悲哀、痛苦、憎恨、恐怖等所有不纯洁的情感都带走了……

（6）继续给予自我暗示，心中默念：

“额头凉凉的……额头凉凉的……额头凉凉的……”

（7）这时，你可能终于真正感受到了额头的凉意，感觉到自己的大脑像被彻底清洗了一样，心情为之爽朗。

（8）当真正产生上述感受之后，表明催眠的技术指标已经达到，你需要从催眠中觉醒了。步骤是：

躺在原处不动——睁开双眼——用力屈伸胳膊和两腿——进行深呼吸——慢慢地站立起来，如果是在入睡之前，就让自己直接入睡。

注意：在练习的过程中务必关注“头寒”的程度，应该避免使其有载着冰块似的强烈感觉。如勉强这样做，有时会呈现轻度的头昏或神志昏迷——失神状态的前驱症状。因而在给予前额部以凉感暗示的同时，务必做“头脑轻松了，心情爽朗了”的暗示。诚如古人所说，理想的健康状态是“头寒足热”，由于扩大了“前额凉快”感觉的结果，送到大脑新皮质的血液降低了，旧脑系统自律神经的机能活泼起来，因而能赋予全身活力。建议不惜花时间多做此练习。

2. 前额冷感训练的效用

当经过催眠暗示而真正感觉到自己“额头凉凉的”时候，你将进入无意识支配的状态。此时，你能客观地观察本身的性格或欲望，对从来未曾注意到的自己的性格或欲望，都可一目了然。同时，你的心理活动领域将扩大，想象力变得丰富，记忆力也大大地增强了。这对于自卑感的排除、记忆力的增强、想象力的增进、创造力的启发、持久力的强化等，都将有着显著的效果。尤其是一些遥远而模糊不清的往日记忆，可借助这种训练恢复为清晰的回忆。

思考与练习

1. 请谈谈自我催眠的施术条件。

2. 请参照本章所提供的操作程序进行自我催眠，并达到中度催眠状态。

应用篇

第 5 章　运用催眠术提高心理能力的原理与方法

本章要点

1. 初步探索运用催眠术提高记忆能力的原理与方法。
2. 初步探索运用催眠术提高想象能力的原理与方法。

人的心理能力，一般包括观察能力、记忆能力、想象能力、思维能力、表达能力等方面。这些能力是决定人们智能高低的核心成分，也是影响人的生存能力与发展水平的主要因素。因此，开发人的潜能、提高心理能力，一直是我们梦寐以求的目标。遗憾的是，尽管科学技术的发展日新月异，但在开发人的潜能、提高心理能力方面，始终是一个未解之谜。科学家们曾尝试着从不同的角度来开发人的潜能、提高心理能力。其中，对潜意识的利用正逐渐成为人们关注的焦点。这是因为，我们可以利用潜意识对心智活动的控制和管理，改变大脑皮层对知识的获得方式和组织方式，大幅度提高知识的获取速度和记忆效率，从而大大增强人的学习能力和其他心智活动能力。本章拟从催眠术的角度，发掘潜意识的利用方法，帮助人们提高记忆能力和想象能力。其他心里能力的开发，读者可参照本章所介绍的基本方法去摸索，或向有关机构购买专门开发的资料，以深化开发的领域。

5.1 运用催眠术提高记忆能力的原理与方法

5.1.1 运用催眠术提高记忆能力的原理

1. 记忆的含义

记忆对于我们每一个人都是非常重要的，它是人类心理发展的必要条件。在古希腊神话中，9位文艺与科学女神通称缪斯。缪斯之母——莫尼默西尼，是古希腊人尊崇的记忆女神。在他们心目中，没有记忆女神的孕育，就不会有文艺、科学的茁壮成长。孜孜不倦地汲取知识，把它牢牢记住，就是博闻强识。它是储存信息、产生联想、发挥想象力和创造力以及从事其他高级智能活动的重要基础。没有记忆力，整个智力构架就要坍塌，也就是说人的思维活动都要仰仗头脑里的记忆功能。一般地说，头脑里记得越多，知识和经验就越丰富，就越具智慧。失去了记忆，就失去了智慧。正因为人类具有这种独特的记忆和思维的能力，才逐步建立起现代文明社会。

那么，什么叫记忆？记忆是指对过去已感知的事物或思考过的问题的印象仍保留在脑中，并在一定条件下能重现的心理过程。它包括识记、保持和再现三个环节。记忆从人反复感知一定的客观事物，借以形成较巩固联系的识记过程开始，经过保持过程进一步巩固已形成的联系。识记和保持的内容在一定条件下可以恢复，这就是再认识或回忆。

在识记过程中，根据有无目的性，即无论是在意识作用下识记还是在潜意识作用下识记，均可分为无意识记和有意识记。无意识记是在潜意识作用下，不必经过特殊的意志努力，完全是自然而然地识记，“得来全不费功夫”可以反映无意识记的获得途径。它在日常生活中经常发生，其中，在催眠状态下发生的识记即属于此列。有意识记则是在意志努力参加下发生的识记，是事先有明确的记忆目的、需要运用一定方法所进行的识记。

20 世纪 50 年代以后，一些心理学家倾向于用信息加工的观点解释记忆，认为记忆是人脑对所输入的信息进行编码、贮存和提取的过程。按照这种观点，有人把记忆分为三个阶段（或称三种记忆系统）：①瞬时记忆阶段，为时不超过 2 秒。在这个阶段，外界信息进入感觉通道，并以感觉印象的形式短暂停留。②短时记忆阶段，为时不超过 1 分钟。贮存在感觉通道中的感觉信息大部分迅速消退；只有得以注意和复习的小部分信息才转入并被保存在短时记忆中。在短时记忆中，言语材料信息基本上以听觉形式编码，动作和空间形象的信息基本上以视觉形式编码。③长时记忆阶段，短时记忆中贮存的信息，经过复述、编码，并与个体经验建立了丰富而牢固的意义联系，就可能转入长时记忆系统中。这些信息在个体需要时可以被检索并提取，从而得到再现。长时记忆的时间为 1 分钟以上至终身；长时记忆的容量极大，包括人所记住的一切经验。在长时记忆中，信息大多数以自然语言为中介进行编码，视觉表象也可以作为编码的中介。现代认知心理学研究表明，长时记忆中的信息，是以命题网络的方式被保存。当需要再现时，网络的某一有关部分被激活，有关信息被提取而转入短时记忆，随之得到再现。记忆又是一个主动的心理过程。被贮存在记忆系统中的信息不断得到加工、改造，与个体在识记前和识记后的经验建立各种关系。在记忆中经验发生质和量的变化。

记忆按内容可分为形象记忆、语言逻辑记忆、情绪记忆、动作记忆。形象记忆，是以感知过的具体事物的形象为内容的记忆；语词逻辑记忆，是以概念、判断、推理以及问题解决为内容的记忆；情绪记忆，是以个体体验过的某种情绪、情感为内容的记忆；动作记忆，是以个体操作过的动作为内容的记忆。

2. 记忆的神经生理学基础

众所周知，记忆是大脑皮层及皮层下神经网络系统在外界刺激作用下形成的暂时神经联系留下的痕迹；这些痕迹在激活时经强化而得到巩固，再现时，旧痕迹又被激活。那么，记忆与大脑神经系统的结构及其功能之间到底存在什么样的具体关系呢？如图 5－1 所示。

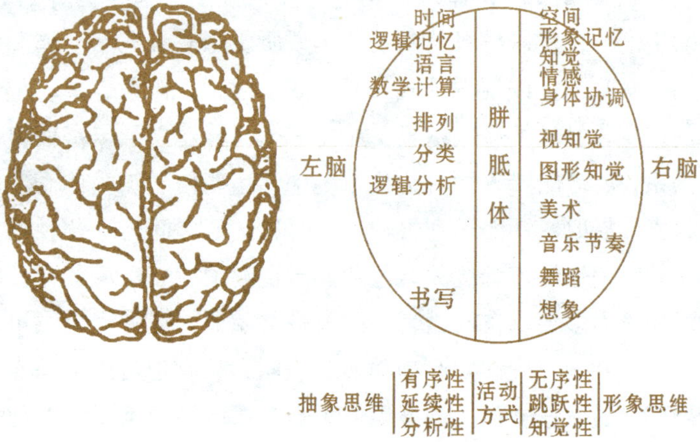

图 5－1　大脑左右两半球的功能分区示意图

人的大脑分为左脑和右脑两个半球，它们的功能是不同的，通常左脑被称为“逻辑脑”，它的工作性质是理性的、逻辑的；而右脑被称为“图像脑”，它的工作性质是感性的、直观的。左脑的工作方式是串行式的，可以说是从局部到整体的累积式；右脑的工作方式则是从整体到局部的并列式。左脑追求记忆和理解，它的学习方法是通过学习一个个的语法知识来学习语言；右脑不追求记忆和理解，只要把知识信息大量地装到脑子里就可以了。右脑具有左脑所没有的快速大量记忆机能和快速自动处理机能，后一种机能使右脑能够超速地处理所获得的信息。

长期以来，人们通过各种途径对记忆在脑中的定位进行了大量的实验研究，以期找到记忆的痕迹，或者研究脑的某些部位和记忆的特殊关系。有人用电刺激病人的右颞叶之后，发现能引起患者对往事的记忆（wilder penfield），称为“倒叙”（flashback）。于是认为颞叶下部与记忆的形成和唤起有关系。实验研究表明，切除中央颞叶的人表现出严重的记忆力丧失，不能重新学习，只能靠以往的经验生活，但对长时记忆影响不大。丘脑损伤可产生逆行性遗忘，故它可能与长时记忆的提取有关。对不同脑区毁损引起的记忆干扰表示：短时记忆与海马区和边缘系统的杏仁核有关，而皮层的联想区则和长时记忆有关。大多数实验研究表明，与记忆最有密切关系的皮层结构是颞叶深部的海马回。识记时海马出现明显的脑电变化。切除双侧海马的人对手术前储存在脑中的信息保持着正常的记忆，仍能回忆起童年时的往事，但对刚看过的事物记不起来。其短时记忆保持很短，至多只能保持 5 秒钟，而且短时记忆转变为长时记忆的能力降低，产生顺行性遗忘。

1981 年诺贝尔奖金获得者斯佩里（Sperry）通过对人类横切胼胝体的实验揭示了一个有趣的现象，即一侧大脑半球记忆的东西可完全不为另一侧大脑半球所知，这显示大脑两半球是高度专门化的。但是被固定在一侧大脑半球中的记忆痕迹可通过胼胝体传到另一侧并固定在那里。这一现象表明，大脑是按整体性原则进行生理和心理活动的。一方面大脑各部分功能的分工可能有所不同；另一方面，其他区域也分散有类似的功能，记忆功能可能产生于脑的完整复杂的结构，并非产生于某一局部或部分细胞。从现有的实验研究结果看，皮层和皮层下中枢，包括海马、基底神经节、丘脑和脑干网状结构等在暂时联系形成中都起作用。可以认为，暂时联系不一定局限于皮层，可能存在于皮层和皮层下中枢之间。

近年来，人们关于记忆的神经生理学机制的研究主要集中在探讨记忆过程中脑的生物电位活动规律，以便进一步探讨暂时联系的接通机制。暂时联系的接通机制可能包括下面几个方面的作用：

一是易化作用。神经系统内依傍性突触（突触末梢的分支与下一个神经元的树突或胞体的某一点相接触）可以改变其兴奋性，使下一个信号到达时容易通过。此外，局部电位的电紧张作用和动作电位也能影响邻近神经元的活性升高，从而导致信息传递的容易化。

二是突触的改建作用。神经系统组织因环境刺激的变化发生适应性改建，这种适应性改建包括突触修饰或新的突触联系的建立。突触修饰或表现为局部膜的变化，或表现为突触部位的化学成分的改变。突触修饰机制的可能性主要是突触的化学成分得到修饰，提高了它的活性和传递效率。现在可以肯定的是，在条件反射中能建立新的突触联系，而经过记忆训练的动物脑内树突数目会大大增加，并形成新的神经元网络。

三是整合作用。通过大量微电极、电生理记录的研究发现，大部分神经元早先仅为某一种特殊模式刺激所激活，而现在则可以为另一些模式的刺激所激活，从而变成单模式或多感受性的神经元。神经元这种多模式反应的事实，支持了暂时联系形成的整合理论。现在许多研究都表明，中枢各部分神经元都具有整合功能。这种整合功能与暂时联系的接通有关。

四是神经胶质的作用。中枢神经胶质是神经元的辅助成分，主要由胶质细胞构成，占中枢神经系统内总体积的一半，其数量是神经元的数倍。神经元之间的空间除突触接触处外，都被胶质细胞突起所占领。当代神经化学和超显微结构的研究认为，暂时联系的接通发生于大脑皮层第四层的大量星状胶质细胞内。波达克（Poumdak）提出“条件联系接通的神经胶质细胞作用假说”，认为胶质细胞在形成条件联系过程中有助于新突触的形成作用。

综上所述，尽管对记忆的大脑定位及暂时联系接通机制的研究依然存在一些争议，但可以肯定地说，左右两半球和皮层下结构都分别从不同方面左右着记忆。

3. 运用催眠术提高记忆能力的神经生理学依据

从有关记忆与大脑神经生理关系的研究结果可以看出，人类大脑的某些神经组织对增强记忆具有重要的作用。那么，哪些神经组织能够增强记忆呢？从纵向看，人类的大脑可分为三层。人类大脑首先是由脑干部分（古皮质层以下神经系统结构，也叫“爬虫类的脑”）开始进化的。这一部分具有“心灵感应通道”（telepathy chanel），所以这部分的语言被称为“心灵感应语言”（心灵互通的波动语言）。爬虫类是指蛇和蜥蜴等动物。它们不具有像人类一样的语言能力，但是他们有别的通信手段，能够知道同类的意思。这就是“心灵感应”，也就是波动语言。

在爬虫类的脑的发展基础上，哺乳类动物的脑也发展起来了，这部分脑称为古皮质层。具有古皮质层动物的脑中有通信手段，能够记忆和思考，这个通信手段就是想象。想象荷尔蒙能够产生分子语言，分子语言也是语言的一种。狗和猫等哺乳类动物虽然没有语言，但是他们能够明白同类的意思，原因在于能够使用心灵感应语言和想象语言。爬虫类的脑和灵长类的脑之间有一条很宽的通道，所以哺乳类动物能够自由灵活地运用心灵感应和想象。

最外面的脑叫做灵长类的脑，即新皮质层，这部分脑具有控制下位层脑（古皮质层及其以下结构）的机能，在这一新皮质层脑中几乎没有任何物质产生。当下位层脑打开通往右脑的通路，右脑开始工作起来时，就能够自由地运用心灵感应和想象了。

在右脑出现以前发挥作用的是下位层脑，它具有传递回路，也就是具有心灵感应通道和想象通道。这是因为在脑干（爬虫类动物的脑）的右半球中存在着一条粗传递回路，可以和古皮质层进行通信；而古皮质层（哺乳类动物的脑）的右半球中存在着一条细传递回路，可以和新皮质层（灵长类的脑）进行通信。这就是为什么有些人具有特异功能（如透视能力和预知能力）的原因，他们的这两条回路已经打开，因而可以自由运用心灵感应通道和想象通道。只不过一般人的右脑睡着了，这两条回路没有开启，所以无法领悟到右脑的神奇能力。

从横向看，大脑分为左右两半球。而右脑和左脑的功能本质是完全不同的。左脑的记忆回路是低速记忆，而右脑的记忆是高速记忆，记忆模式完全不同。左脑记忆是一种“意义记忆”，不管记什么都只取其义。右脑记忆则类似照相，它有“过目不忘”的本事。右脑还具有一种想象机能，能够将收到的信息进行快速转换。右脑是通过图像进行思考的脑半球，所以在听到语言后能够将它变成图像，或者能够把图像变成语言。不仅如此，右脑还具有如下功能：它能够把图像变成数字，或把数字变成图像；能够瞬间把点的集合（点集）变成数字，或把数字变成点的集合；能够把声音变成图像或乐谱；能够把声音变成颜色，把气味变成图像，等等。

需要特别指出的是，人在正常清醒的状态下，其大脑活动主要由意识控制（脑电波表现为以β、γ波为主），这对以“逻辑”见长的新皮质层左半球而言，正是发挥作用的时机。因此，人在意识控制状态下，新皮质层左半球的额叶往往成为学习、记忆的优势区域。相反，当人进入深度催眠状态时，大脑活动主要由潜意识控制（脑电波表现为以θ、α波为主）。这时，大脑新皮质层右半球的顶叶、颞叶、古皮质层及以下结构进入活跃状态，积极参与学习、记忆等活动。在意识控制状态下，虽然通过意志努力和大量反复地朗读或背诵或表象图像可以帮助人们打开大脑内由新皮层左半球到新皮质层右半球和古皮质层及以下低层脑的记忆回路，但后者的记忆功能远远得不到发挥。这就是说，人在意识控制下，只有新皮质层左半球的记忆潜能得到充分发挥，而右半球和古皮质层及以下神经系统的记忆潜能被大量闲置。

为有效利用大脑新皮质层右半球、古皮质层及以下神经系统的记忆作用，需要改变大脑意识对记忆活动的控制状态，代之以潜意识来控制记忆活动。催眠术正是帮助人们提高潜意识活动能力的有效方法和手段。利用催眠术，使人进入以潜意识为主导的大脑活动状态，充分发挥大脑新皮质层右半球、古皮质层及以下神经系统的学习与记忆作用，从而达到开发大脑记忆潜能的目的。

5.1.2　运用催眠术提高记忆能力的方法

运用催眠术提高记忆能力，实际上就是借助催眠暗示的作用来激活人的潜意识，并通过潜意识对心智活动的控制和管理，挖掘大脑右半球、古皮质层及其以下神经系统的学习与记忆潜能，改变大脑皮层对知识的获得方式和组织方式，使记忆的效率提高。从操作主体上看，运用催眠术提高记忆的方法有两种，即他人催眠法和自我催眠法。需要说明的是，无论是他人催眠法，还是自我催眠法，都必须针对具体的学习内容来进行。一般而言，对那些难认、难记，又需要大量记忆的材料，采用催眠记忆法效果会比较理想。

1. 他人催眠记忆法

他人催眠记忆法对施术者的要求比较高，它不仅要求施术者懂得催眠术，而且要熟悉学科知识，懂得学科知识的教授方法。此外，要想获得较好的记忆效率，还必须得到受术者的密切配合。这里以记忆古诗词为例，择要介绍催眠记忆的基本方法。操作程序如下。

(1) 准备:

在施术之前，要预备一张催眠诱导图（见图5－2）和需要受术者记忆的知识材料（这里待记忆的材料为屈原的《离骚》，包括录音材料和印刷材料）；检验受术者的催眠易感性。

图5－2 催眠诱导辅助图

注意：在准备阶段，施术者务必指导受术者熟悉拟识记的材料。在这里，需要受术者弄清《离骚》文字的读音、基本含义。

(2) 按照催眠的诱导、深化程序将受术者催眠至深度催眠状态（参见3.2）。

(3) 待受术者进入深度催眠状态后，给予以下暗示：

"现在我们一起来排练一个表演节目，我当导演，你扮演古代著名诗人屈原。你的任务是：面对观众声情并茂地朗诵屈原的诗《离骚》。在演出之前，我通过放录音，让你一段一段分步记住《离骚》这首诗。在放录音之前，我站在旁边指导你在听录音朗诵的同时该以什么情感来记住录音朗诵的内容。这样，当你表演朗诵时就更能感动观众。"

(4) "好！现在开始。请你先闭着眼睛，仔细听我说话。"

(5) "请想象你现在身处古代春秋战国时期的楚国，你博学多才、忧国忧民，希望为楚国的政治改革贡献自己的力量，但遭遇朝廷官员的排挤，很不得志。现在以叙事诗方式，叙述你的思想、情感。”

（6）“请你仔细听录音，并试着记住每一句话。”接着播放录音。每播放完一节古诗文，就由施术者念出古诗文的现代文翻译。

注意：古诗文的现代文翻译可由录音代替，但必须变换朗诵者，如女声变男声或男声变女声）。

帝高阳之苗裔兮，朕皇考曰伯庸。摄提贞于孟陬兮，惟庚寅吾以降。

（译：我是古帝高阳氏的后裔，屈氏的太祖叫做伯庸。岁星在摄提格的建寅之月，庚寅日我便降生。）

皇览揆余初度兮，肇锡余以嘉名。名余曰正则兮，字余曰灵均。

（译：太祖根据我初生时的气度，通过卦辞赐给我嘉美的大名。赐给我的名为“正则”，赐给我的字为“灵均”。）

纷吾既有此内美兮，又重之以修能。扈江离与辟芷兮，纫秋兰以为佩。

（译：我已经具有这样多内在的美德，我还要培养优异的才能。披上了江蓠和系结起的白芷，又编织起秋兰佩带在身。）

汩余若将不及兮，恐年岁之不吾与。朝搴阰之木兰兮，夕揽洲之宿莽。

（译：时光像流水总是追赶不上，我怕这年岁不能将我等待。早上到山坡上摘了木兰花，黄昏时又到洲渚把宿莽采。）

日月忽其不淹兮，春与秋其代序。惟草木之零落兮，恐美人之迟暮。

（译：太阳月亮不停运行忙忙碌碌，春天秋天循环往复互相更替。想到草木也有凋零之时，便担心美人年衰老迈。）

不抚壮而弃秽兮，何不改乎此度？乘骐骥以驰骋兮，来吾导夫先路！

（译：不趁着盛壮之年抛弃恶德，君王啊为什么不改变态度？乘着骏马尽情地奔驰，来吧我愿做向导在前开路！）

（7）播放第一段之后，施术者暗示说：

"现在，想象自己来到古代楚国，在楚怀王面前阐明自己的政治观点和立场，希望争取楚怀王的合作，取得他的信任。可是怀王的态度是不坚定的，结果使自己陷入了朝廷其他'党人'之间激烈的斗争中；同时，怀王听信谗言，更使你遭遇排挤。"

余既滋兰之九畹兮，又树蕙之百亩。畦留夷与揭车兮，杂杜衡与芳芷。

（译：我已播种了九畹秋兰，又栽上了百亩香蕙。畦垄上种留夷和揭车，还套种杜衡芷草点缀。）

冀枝叶之峻茂兮，愿俟时乎吾将刈。虽萎绝其亦何伤兮，哀众芳之芜秽！

（译：希望这些香草枝叶茂盛，愿等到收获时我来割取。即使枯萎了也没什么可怕，痛心的是众香草一片荒芜！）

众皆竞进以贪婪兮，凭不厌乎求索。羌内恕己以量人兮，各兴心而嫉妒。

（译：小人们竞相钻营十分贪婪，索求财物名位总不满足。他们放纵自己而苛求他人，个个动着坏心思满怀嫉妒。）

忽驰骛以追逐兮，非余心之所急。老冉冉其将至兮，恐修名之不立。

（译：急急忙忙奔走追逐私利，这不是我心中着急的事情。老迈之年渐渐地逼近，我深恐此生难留下美名。）

朝饮木兰之坠露兮，夕餐秋菊之落英。苟余情其信姱以练要兮，长颇颔亦何伤。

（译：早上饮了木兰坠下的露水，晚上吃着秋菊落下的花瓣。只要我的情感确实美好专一，长期面黄肌瘦也不必伤叹。）

擥木根以结茝兮，贯薜荔之落蕊。矫菌桂以纫蕙兮，索胡绳之纚纚。

（译：采了木兰的根须绾结白芷，用薜荔来贯穿落下的花蕊。弄直了菌桂连缀香蕙，将胡绳草搓成条索垂垂。）

謇吾法夫前修兮，非世俗之所服。虽不周于今之人兮，愿依彭咸之遗则。

（译：我效法前代的那些贤人，这不是世俗之人所愿做。虽然不合于当今庸人的看法，愿依照彭咸遗留的准则。）

长太息以掩涕兮，哀民生之多艰。余虽好修姱以鞿羁兮，謇朝谇而夕替。

（译：我长长叹息不断地拭泪，哀伤人生的路途如此艰难。我只是喜好美洁能自我约束，却早上直谏晚上就被斥贬。）

既替余以蕙纕兮，又申之以揽茝。亦余心之所善兮，虽九死其犹未悔！

（译：我因为佩带蕙草而被解职，又因为采摘白芷而被加罪。但只要是我所向往喜欢的，即使死去九次也不会后悔！

怨灵修之浩荡兮，终不察夫民心。众女嫉余之蛾眉兮，谣诼谓余以善淫。

（译：怨君王太放荡邪僻，始终不知考察民心。一群坏女人嫉妒我的美好，竟造谣中伤说我淫乱。）

固时俗之工巧兮，偭规矩而改错。背绳墨以追曲兮，竞周容以为度。

（译：时俗本就喜欢投机取巧，规矩既违背措施又变更。离开准绳墨斗追求邪曲，以苟合取容作为处世标准。）

忳郁邑余侘傺兮，吾独穷困乎此时也。宁溘死以流亡兮，余不忍为此态也！

（译：愤懑抑郁我失神而立，唯独我现在如此穷困。宁肯忽然死去让灵魂漂泊，我不忍做出丑态苟且偷生！）

鸷鸟之不群兮，自前世而固然。何方圜之能周兮，夫孰异道而相安？

（译：性情专一的雎鸠不合于群，在以前的时代就是如此。方的圆的怎么能够吻合，志趣不同哪会相安无事？)

屈心而抑志兮，忍尤而攘诟。伏清白以死直兮，固前圣之所厚。

(译：内心委屈强自压抑情志，忍受罪名而遭小人侮辱。保持清白为正道而死，正是为前代圣贤所推许。)

(8) 播放上述录音之后，施术者暗示说：

“现在，请想象你在遭到朝廷排挤后，尽管身处逆境，但仍然忧国忧民，并持积极的心态，总结自己在政治斗争中失败的原因。”

悔相道之不察兮，延伫乎吾将反。回朕车以复路兮，及行迷之未远。

(译：后悔当初把路看得不仔细，引颈远望我要马上回返。调转我的车头折向旧路，趁着迷失方向还不太远。)

步余马于兰皋兮，驰椒丘且焉止息。进不入以离尤兮，退将复修吾初服。

(译：解辔放我的马在兰皋散步，又在椒丘奔驰后休息一阵。想迈进又难以前行反而获罪，只有重理我当初的衣服而退隐。)

制芰荷以为衣兮，集芙蓉以为裳。不吾知其亦已兮，苟余情其信芳。

(译：裁剪荷叶制成绿色的上衣，缝缀荷花再把它制成下裳。没有人了解我也毫不在乎，只要我内心的情感确实芬芳。)

高余冠之岌岌兮，长余佩之陆离。芳与泽其杂糅兮，惟昭质其犹未亏。

（译：让我的切云冠高高耸起，让我的佩饰长长垂地。内在芳香与外表光泽糅合，只有我光明的品质没有毁弃。）

忽反顾以游目兮，将往观乎四荒。佩缤纷其繁饰兮，芳菲菲其弥章。

（译：忽然回过头来纵目眺望，决定去四方荒远之地探察。佩饰五彩缤纷花样繁多，香气更新鲜浓烈向周围散发。）

民生各有所乐兮，余独好修以为常。虽体解吾犹未变兮，岂余心之可惩！

（译：人生各有所喜好的事情，我只是爱好修洁习以为常。即使肢体被分解也不会更改，难道我的心会因受打击而变样！）

（9）播放上述录音之后，施术者暗示说：

“现在，请想象面对朝廷对你的排挤，感到自己已身单力薄，无可奈何，后悔之心油然而生。”

女媭之婵媛兮，申申其詈予。曰：鲧婞直以亡身兮，终然殀乎羽之野。

（译：姐姐女媭气喘吁吁地长叹，一遍又一遍将我责骂。她说：鲧刚直而忘却自身，终于早死在羽山的野地。）

汝何博謇而好修兮，纷独有此姱节？薋菉葹以盈室兮，判独离而不服。

（译：你为何处处直言喜好修洁，独有那许多美好的佩饰？生刍和枲耳堆积满屋，你却坚决离去不愿佩戴一试。)

众不可户说兮，孰云察余之中情？世并举而好朋兮，夫何茕独而不予听？

（译：庸人不能挨家挨户去劝导，谁会认真体察我们的衷情？世人都结党营私，你为何保持独立我劝都不听?)

依前圣以节中兮，喟凭心而历兹。济沅湘以南征兮，就重华而陈词。

（译：我依从前代圣人来做评判，喟叹愤懑如今遭此忧患。渡过沅水湘水更向南行，到帝舜重华的灵前献言。)

启《九辩》与《九歌》兮，夏康娱以自纵。不顾难以图后兮，五子用失乎家巷。

（译：夏后启制成《九辩》、《九歌》之曲，从此国人享受逸乐荒淫放纵。不考虑困难图谋久远，五个儿子因此闹起内讧。)

羿淫游以佚畋兮，又好射夫封狐。固乱流其鲜终兮，浞又贪夫厥家。

（译：后羿沉湎游荡迷恋田猎，还喜欢射杀那硕大的野狐。政治昏乱固然少有好下场，何况寒浞又贪他的妻室家属。)

浇身被服强圉兮，纵欲而不忍。日康娱而自忘兮，厥首用夫颠陨。

（译：寒浞之子浇身披着坚甲，却纵欲过度不能抑制自我。天天寻欢作乐忘乎所以，他的脑袋因而被人砍落。)

夏桀之常违兮，乃遂焉而逢殃。后辛之菹醢兮，殷宗用而不长。

（译：夏桀行事常常违背正道，于是遭到杀身灭国的祸殃。殷纣王的酷刑把人剁成肉酱，商朝的宗祀因此也难以久长。）

汤禹俨而祗敬兮，周论道而莫差。举贤而授能兮，循绳墨而不颇。

（译：商汤、夏禹处世谨慎恭敬，周文王、武王讲道义没有差错。推举贤者而任用才士，遵循法度一点也不偏颇。）

皇天无私阿兮，览民德焉错辅。夫维圣哲以茂行兮，苟得用此下土。

（译：皇天公正不会有什么私好，见人民拥戴谁就辅助谁。那圣明智慧有盛德的人，才能够享有天下疆土。）

瞻前而顾后兮，相观民之计极。夫孰非义而可用兮，孰非善而可服？

（译：往前看往后认真观察，审视治理百姓的政策标准。哪位国君不义而能统治天下，哪位国君不善而能使人归顺？）

阽余身而危死兮，览余初其犹未悔。不量凿而正枘兮，固前修以菹醢。

（译：即便把我置于濒死的境地，我也毫不后悔当初的志向。不度量圆孔硬塞进方榫，所以前代贤人被剁成肉酱。）

曾歔欷余郁邑兮，哀朕时之不当。揽茹蕙以掩涕兮，霑余襟之浪浪。

（译：我一次次悲叹抑郁惆怅，痛惜自己没有遇上好时辰。拿起柔软的蕙草擦拭眼泪，伤心的泪水沾湿了我的衣襟。）

（10）播放上述录音之后，施术者继续暗示说：

“现在，请想象你在失落之时，遇到了世间唯一关爱自己的亲人，她力劝你改变自己那种孤忠耿直的作风，否则是不会见容于当世，而且会遭到杀身之祸的。她说得娓娓动听。可是她的话仅仅是单纯从爱护出发，提高到思想原则上来说，她对你却缺乏本质上的认识。这时，你感到自己真的很孤独。”

跪敷衽以陈辞兮，耿吾既得此中正。驷玉虬以椉鹥兮，溘埃风余上征。

（译：跪着铺正了衣襟开始诉说，光明昭彰我已得中正之道。驾起四条玉龙乘着鹥鸟之车，忽然风卷飞尘我便冉冉升高。）

朝发轫于苍梧兮，夕余至乎县圃。欲少留此灵琐兮，日忽忽其将暮。

（译：清早在苍梧山下发车起程，傍晚我便到了昆仑山的悬圃。打算在神灵所聚的泽薮稍留，而太阳很快下落已近傍晚。）

吾令羲和弭节兮，望崦嵫而勿迫。路漫漫其修远兮，吾将上下而求索。

（译：我命令羲和慢速按节而行，遥望崦嵫山不要急于靠近。道路十分漫长十分遥远，我将上上下下去求索探寻。）

饮余马于咸池兮，总余辔乎扶桑。折若木以拂日兮，聊逍遥以相羊。

（译：让我的马在日浴处咸池饮水，把我的车辔系上神木扶桑。折下若木的树枝遮蔽阳光，姑且逍遥自在从容游逛。）

前望舒使先驱兮，后飞廉使奔属。鸾皇为余先戒兮，雷师告余以未具。

（译：让月御望舒开路先行，让风神飞廉奔走跟随。鸾凰为我在前面警戒，雷师告诉我出行准备尚未齐全。）

吾令凤鸟飞腾兮，继之以日夜。飘风屯其相离兮，帅云霓而来御。

（译：我命令凤鸟高高飞腾，白天黑夜都不中断休歇。旋风聚起气团紧紧相连，率领云霞虹霓前来迎接。）

纷总总其离合兮，斑陆离其上下。吾令帝阍开关兮，倚阊阖而望予。

（译：纷乱杂沓它们时聚时散，色彩斑斓它们或上或下。我命令天帝的门官打开天门，他倚靠天门看着我装聋作哑。）

时暧暧其将罢兮，结幽兰而延伫。世溷浊而不分兮，好蔽美而嫉妒。

（译：此时日光黯淡白天将要过去，绾结幽兰久久地伫立。世道混浊是非善恶不分，喜欢抹杀美德反而对人满怀妒忌。）

朝吾将济于白水兮，登阆风而緤马。忽反顾以流涕兮，哀高丘之无女。

（译：清早我将渡过昆仑山下的白水，再登上阆风把马缰系住。忽然回头观望便痛哭流涕，哀伤这高丘之上并无神女。）

溘吾游此春宫兮，折琼枝以继佩。及荣华之未落兮，相下女之可诒。

（译：匆匆又漫游东方青羊之宫，折了琼树枝条加长佩饰。趁着开放的花朵还没凋谢，物色可接受馈赠的人间女子。）

吾令丰隆椉云兮，求宓妃之所在。解佩纕以结言兮，吾令蹇修以为理。

（译：我命令云神丰隆驾起云朵，去寻找洛神宓妃的踪迹。解下佩带表示交结的欢言，我让钟鼓之乐来传情达意。）

纷总总其离合兮，忽纬繣其难迁。夕归次于穷石兮，朝濯发乎洧盘。

（译：介绍人忙碌奔波来来去去，忽觉难以说动对方太执拗。晚上她到穷石之地歇息，早上她在洧盘之水洗头。）

保厥美以骄傲兮，日康娱以淫游。虽信美而无礼兮，来违弃而改求。

（译：仗着她的美貌而十分骄傲，成天寻欢作乐恣意嬉游。虽然她确实美丽但过于无礼，因此我丢开她转而他求。）

览相观于四极兮，周流乎天余乃下。望瑶台之偃蹇兮，见有娀之佚女。

（译：到四方极远之地浏览观察，在天巡行一周我便下降落地。远望玉饰的高台挺拔耸立，看见有娀氏的美女简狄。）

吾令鸩为媒兮，鸩告余以不好。雄鸠之鸣逝兮，余犹恶其佻巧。

（译：我命令鸩鸟做媒去传话，鸩鸟却告诉我说她不好。雄鸠鸣叫着飞向远处，我又讨厌它浅薄轻佻。）

心犹豫而狐疑兮，欲自适而不可。凤皇既受诒兮，恐高辛之先我。

（译：心中犹豫而疑惑不定，想自己前往又觉得不够稳妥。凤凰已接受聘礼去转送，我担心高辛氏会抢先联络。）

欲远集而无所适兮，聊浮游以逍遥。及少康之未家兮，留有虞之二姚。

（译：想去远方居住又无处安身，姑且游荡一番逍遥彷徨。趁着少康还没有结婚成家，留有虞氏两个姚姓姑娘。）

理弱而媒拙兮，恐导言之不固。世溷浊而嫉贤兮，好蔽美而称恶。

（译：信使能力差媒人又笨拙，我担心他们传话不牢靠可信。世道混浊嫉妒贤能之士，喜好掩盖美德而宣扬恶行。）

闺中既以邃远兮，哲王又不寤。怀朕情而不发兮，余焉能忍与此终古！

（译：闺房幽深迂远难以通达，明哲的君王又没有觉悟清醒。怀着我的衷情不能抒发，我怎能长久忍受这种环境！）

(11）播放上述录音之后，施术者暗示说：

“现在，请你想象自己政治理想的破灭，只能借求爱的炽热和失恋的苦痛来象征自己对理想的追求。你追求的，有九重的天女，有高丘的神女，有人间的佚女，她们的身份不同，但在她们的身上同样可以寄托爱情；也如楚国统治集团当中的任何一员，都有可能通过他们来实现自己的理想。”

索藑茅以筳篿兮，命灵氛为余占之。曰：“两美其必合兮，孰信修而慕之？

（译：取来藑茅和截好的八段竹子，让神巫灵氛为我起课占卜。占辞说：“两美定能完满结合，谁诚然美好而不受人恋慕?）

思九州之博大兮，岂惟是其有女？曰：勉远逝而无狐疑兮，孰求美而释女？

（译：想想九州之地如此广大，难道美女就只生在这里？又说：远远离去不要怀疑，谁会寻求美男而放过了你?）

何所独无芳草兮，尔何怀乎故宇？世幽昧以昡曜兮，孰云察余之善恶？

（译：什么地方没有芬芳的青草，为什么你定要依恋故居？世道黑暗使得人心惑乱，谁察识我们分清善人恶徒?）

民好恶其不同兮，惟此党人其独异。户服艾以盈要兮，谓幽兰其不可佩。

（译：世人的喜好厌恶各不相同，这些结党营私者特别奇怪。家家户户腰里系满艾蒿，反倒说幽兰不可以佩带。）

览察草木其犹未得兮，岂珵美之能当？苏粪壤以充帏兮，谓申椒其不芳。

（译：观察草木尚且不辨香臭，识别美玉又怎能精审恰当？取了粪土来填充香囊，反倒说申椒并没有芳香。）

欲从灵氛之吉占兮，心犹豫而狐疑。巫咸将夕降兮，怀椒糈而要之。

（译：想听从灵氛吉祥的占卜，又心怀犹豫而疑虑不决。巫咸将要在黄昏时降神，我怀揣花椒和精米去迎接。）

百神翳其备降兮，九疑缤其并迎。皇剡剡其扬灵兮，告余以吉故。

（译：遮天蔽日天神一齐降临，九疑山山神也纷纷共迎。辉煌煊赫那些神祇显灵，告诉我往日的吉祥事情。）

曰：勉升降以上下兮，求矩矱之所同。汤禹严而求合兮，挚、咎繇而能调。

（译：他说：要上天下地努力探察，寻找德行准则相同的人。商汤夏禹严谨地追求合道，伊尹皋陶因而能与之协调。）

苟中情其好修兮，又何必用夫行媒？说操筑于傅岩兮，武丁用而不疑。

（译：如果内心确实喜好贤能，又何必任用做中介的媒人？传说当初在傅岩下筑墙，殷高宗武丁重用他而没有疑心。）

吕望之鼓刀兮，遭周文而得举。甯戚之讴歌兮，齐桓闻以该辅。

（译：姜太公吕望当初操刀屠牛，遇到周文王被举为心腹大臣。甯戚作商贩敲着牛角唱歌，齐桓公听了授官职让他辅政。）

及年岁之未晏兮，时亦犹其未央。恐鹈鴂之先鸣兮，使夫百草为之不芳。

（译：要趁着年岁还不算太晚，时间也还没有完全过尽。怕的是杜鹃鸟先已叫起，使那百草顿然失去芳馨。）

何琼佩之偃蹇兮，众薆然而蔽之。惟此党人之不谅兮，恐嫉妒而折之。

（译：身佩的宝玉多么屈曲美好，众人却遮上来把它掩盖。这些结党营私者没有诚信，恐怕他们心生嫉妒把它折坏。）

时缤纷其变易兮，又何可以淹留？兰芷变而不芳兮，荃蕙化而为茅。

（译：时世纷乱不断发生变故，又怎么能在这里长久停靠？兰芷都蜕变而不再芬芳，荃蕙都化成了一片茅草。）

何昔日之芳草兮，今直为此萧艾也？岂其有他故兮？莫好修之害也。

（译：为什么昔日的芳草啊，今天都变成了贱草萧艾？难道会有其他什么原因？总是没人喜好修洁的危害。）

余以兰为可恃兮，羌无实而容长。委厥美以从俗兮，苟得列乎众芳。

（译：我本以为兰可以依靠，结果是华而不实、外秀内空。遗弃了它的美质追随流俗，还苟且得以列入众芳之中。）

椒专佞以慢慆兮，榝又欲充夫佩帏。既干进而务入兮，又何芳之能祗？

（译：椒专为佞邪而傲慢无礼，榝又企图填满那个香囊。既然拼命钻营以求得逞，又怎么能够散发芬芳？）

固时俗之流从兮，又孰能无变化？览椒兰其若兹兮，又况揭车与江离。

（译：固然时俗都是随波逐流，又有什么会没有转变消退？看看椒与兰都是那样，又何况揭车与江离之辈。）

惟兹佩之可贵兮，委厥美而历兹。芳菲菲而难亏兮，芬至今犹未沬。

（译：想来只有我的玉佩最可贵，任其美质历经这种种患难。香喷喷的气息难以亏损，清香一片到如今仍未消减。）

和调度以自娱兮，聊浮游而求女。及余饰之方壮兮，周流观乎上下。

（译：调整玉佩銮铃的声响自娱，姑且漫游闲荡寻求好女。趁着我的佩饰正繁盛艳丽，上下巡回察看地面天宇。）

（12）播放上述录音之后，施术者继续给予受术者暗示：

“现在，请想象你在极度苦痛的矛盾心情中又面临新的问题，即是到别的国家去谋生呢，还是继续留在楚国。以你所具备的卓越才能，在楚国这样的社会风气下，当你在政治上受到一次又一次的打击，理想不可能在本国实现的时候，只能离开本土了。于是你就冲破了楚国的范围，进入了‘周流上下’、‘浮游求女’的另一幻境。”

灵氛既告余以吉占兮，历吉日乎吾将行。折琼枝以为羞兮，精琼爢以为粻。

（译：灵氛早已告诉我占得吉卦，我选择吉日将出发前往。折下玉树的枝条作佳肴，又精舂了玉屑来作干粮。）

为余驾飞龙兮，杂瑶象以为车。何离心之可同兮，吾将远逝以自疏。

（译：为我驾起飞腾的长龙，杂用美玉象牙制作乘轩。哪有心志不同者可以共处，我将远去自行与之疏远。）

邅吾道夫昆仑兮，路修远以周流。扬云霓之晻蔼兮，鸣玉鸾之啾啾。

（译：我转道走向那昆仑山，路途长远迂曲难行。举起云霓作旗帜遮天蔽日，玉銮铃振动宛如凤鸣。）

朝发轫于天津兮，夕余至乎西极。凤皇翼其承旗兮，高翱翔之翼翼。

（译：早上从天河渡口发车起程，晚上我到了西面极远之地。凤凰伸展双翅上接云旗，高高飞翔起来肃穆整齐。）

忽吾行此流沙兮，遵赤水而容与。麾蛟龙使梁津兮，诏西皇使涉予。

（译：忽然我行进来到流沙地带，沿着赤水河岸盘桓踟蹰。指挥蛟龙在渡口架起桥梁，通告西方上帝让我摆渡。）

路修远以多艰兮，腾众车使径待。路不周以左转兮，指西海以为期。

（译：路途长远充满艰难险阻，传告众车抄小路等候在前。经过不周山就向左转弯，指着西海约好会面时间。）

屯余车其千乘兮，齐玉轪而并驰。驾八龙之蜿蜿兮，载云旗之委蛇。

（译：会聚了我的成千辆车子，对齐了车毂同时驰骋向前。驾驭八条长龙蜿蜒而行，载着云霞之旗招展舒卷。）

抑志而弭节兮，神高驰之邈邈。奏《九歌》而舞《韶》兮，聊假日以媮乐。

（译：控制住心情放慢速度，神思却高高飞驰十分悠远。奏起《九歌》跳起《韶》舞，姑且借此时光快乐一番。）

陟升皇之赫戏兮，忽临睨夫旧乡。仆夫悲余马怀兮，蜷局顾而不行。

（译：升起皇祖的赫赫灵光，猛然瞥见那楚都故乡鄢郢。仆人悲怆，我的马也怀恋，屈身回望再也不肯前行。）

（13）接下来，施术者继续给予暗示：

“想象你接受灵氛的劝告以后，在迷离恍惚的心情中展开了最后一次的幻想。留既不能，去又不可，最后接触到的一个问题，那就是个人远大的政治抱负和深厚的爱国主义情感不但无法统一，而且引起了正面冲突；这样就把矛盾推到最高峰，而无可避免地使得驰骋在云端里的幻想又一次掉到令人绝望而又无法离开的土地上。”

乱曰：已矣哉！国无人莫我知兮，又何怀乎故都！

（译：算了吧！国家缺少忠良没人理解我，又何必深深地怀恋故都！）

既莫足与为美政兮，吾将从彭咸之所居。

（译：既然不足以一起推行美政，我将追随彭咸去他的居处。）

（14）放完诗歌的录音之后，施术者将诗歌的文字材料放在受术者的眼前，并暗示受术者睁开眼睛，开始目视诗歌的书面材料，说：

“现在，请你慢慢睁开眼睛，看你眼前的书面材料，这是你刚才听到的那篇诗歌的文本。”

（15）“我将一行一行地往下朗诵。你在看文字材料的同时，请注意听我念的内容，看是否与你看到的内容一致。好，现在开始……”

（16）施术者朗诵完后，暗示受术者重新闭上眼睛，说：

“现在，请你闭上眼睛，再次仔细听我朗诵诗歌。我每朗诵一句，你记住一句。你这次记住之后，将永远不会忘记。”

（17）“好，我现在开始朗诵，请仔细听……”

（18）施术者朗诵完诗歌后，继续给予暗示：

“请记住我朗诵的这首诗歌。等你觉醒之后，你将能把诗歌完整地背诵出来。”

（19）等受术者心理默记整首诗歌之后，就要诱导受术者从催眠状态中觉醒过来。

有关解除催眠的操作程序，请参照第3章中“解除催眠的过程与方法”。

2. 自我催眠记忆法

自我催眠记忆法要求当事人事先准备好拟识记的知识材料。拟识记的知识材料一般需要以有声材料的形式呈现，并镶嵌在自我催眠程序中。这样的有声材料可以向专门机构购买或自己定做。操作程序如下。

（1）准备：

在实施自我催眠之前，要预备一张催眠诱导图（见图5－2）和拟识记的知识材料（这里拟识记的材料为古代秦国的民歌《蒹葭》，包括录音材料和印刷材料）。有声材料可以自己制作或到专门机构购买。

（2）在自我催眠之前，仔细浏览一下拟识记民歌《蒹葭》的书面材料，争取做到有熟悉感，弄清《蒹葭》中文字的读音、基本含义。

（3）接着，按照自我催眠的自律训练法中的要求，暗示自己进入催眠状态（参见第4章）。

（4）若觉得自己已经感到“额头凉凉的”，请想象自己身处水乡之地，来到一个秋苇苍苍、白露茫茫、寒霜露重的湖边。这时，朦胧中，你看到一个美丽的姑娘在湖水的对面，令你心动。

（5）现在，想象眼前总是浮动着一个迷离的人影，似真不真，似假不假，不管是陆行，还是水游，总无法接近她，仿佛在绕着圆心转圈子。因而你独自在水边徘徊，神魂不安。恍惚中你划着小船去追她，接近她，可怎么也接近不了。湖水仿佛老在阻挡你去接近美丽的姑娘，但你痴心不改。这时，你听到有人在为你抒发情怀，传来朗诵声（由播放机将有声材料播放出来）：

蒹葭苍苍，白露为霜。所谓伊人，在水一方。
遡洄从之，道阻且长。遡游从之，宛在水中央。
蒹葭凄凄，白露未晞。所谓伊人，在水之湄。
遡洄从之，道阻且跻。遡游从之，宛在水中坻。
蒹葭采采，白露未已。所谓伊人，在水之涘。
遡洄从之，道阻且右。遡游从之，宛在水中沚。

（6）此时，想象那美丽的姑娘要你当着她的面朗诵刚才听到的那首诗，这样她就愿意接近你。你努力记住这首诗歌的每一句，并试着背诵出来。

（7）当你觉得已经能背诵之后，你就可以从催眠状态觉醒过来了。

（8）按照催眠觉醒方法的操作程序，让自己觉醒过来（请参见4.2）。

5.2 运用催眠术提高想象能力的原理与方法

5.2.1 运用催眠术提高想象能力的原理

1. 想象能力的含义

想象是人类不可或缺的智力要素，是人类生活中不可缺少的能力。想象是创造的先导。没有想象，就没有创造。想象不只是客观事物的复制，常常带有不同程度的独创性，有的甚至是根本性的突破。正如爱因斯坦所说："想象力比知识更重要，因为知识是有限的，而想象力概括着世界上的一切，推动着进步，并且是知识进化的源泉。”那么什么是想象能力呢？已故心理学家朱智贤主编的《心理学大词典》给想象能力所下的定义是：对头脑中表象加工、改组，从而创立新思想、新形象的能力。其形成依赖两个条件：一是在获得感性材料的基础上，大脑中形成丰富的表象；二是通过分析、综合，对脑中已有的表象进行巧妙的、独特的加工改组，产生新的形象。

想象具有概括生动新颖、虚实统一等特征。首先，想象具有概括性，表现为能够恰切地把握词义并能运用词语再现客观事物或创造出新的形象来。唯此，才能摆脱具体事物的羁绊，使想象飞腾起来，在想象的过程中达到认识的深化和发展。具有概括性的想象才能从整体上、本质上掌握客观世界，并通过分析组合新的形象。

其次，想象具有生动新颖、虚实统一、形神兼备等特征。刘勰在《文心雕龙·神思》中说：“文之思也，其神远矣。故寂然凝虑，思接千载；悄然动容，视通万里。吟咏之间，吐纳珠玉之声；眉睫之前，卷舒风云之色；其思理之致乎？故思理为妙，神与物游。”

刘勰在这里提出的“思理为妙，神与物游”，充分说明想象过程中，始终伴有鲜明具体的形象。可见，想象能力也是高度发展的认识能力。想象在本质上是一种创造性思维，想象能力正是创造力的表现。

想象能力存在不同的类型，从有无新颖性的角度看，想象可分为再造想象和创造想象两类。再造想象，是依据语词、符号或图形描述在人脑中唤起相应的新形象的过程。再造想象中一般会参用一些创造想象，在文学欣赏中再造想象能唤起无比丰富的形象感。再造想象的类型包括接近想象、相似想象、对比想象、类比想象、特征想象、原形想象、推测想象等。创造想象，是指不根据现成资料的描述和显示，而是根据自己头脑中原有的记忆表象进行加工改造，从而独立创造新形象的过程。其主要运用表象的分解组合进行。创造想象的特殊形式是幻想。创造想象的类型包括具象想象、情感化想象、层进想象、变态想象、合成想象等。从有无目的上分，想象可以分为无意想象和有意想象两大类。无意想象，是由某种触发物而引起的，没有预定目的，不自觉而产生的想象。有意想象，是怀着一定的目的和明显的自觉性，为创造某种形象而展开的想象。

梦也是一种想象，但它是由于网状结构上行激活系统活动减弱，觉醒不能维持而进入催眠状态的结果。巴甫洛夫学派认为，睡眠是一种主动的抑制过程，当抑制过程在大脑皮层内广泛扩散，并扩散到大脑皮层下的中枢时，就出现睡眠。在睡眠中，人脑神经系统之间的自由连接即构成梦。

2. 想象的神经生理学基础

想象是人脑的机能，它是在现实刺激的影响下，在大脑皮质上过去形成的暂时神经联系，按新的方式重新接通。人在感知客观事物的过程中，大脑皮层上留下许多痕迹以及痕迹之间的联系（即暂时神经联系系统），暂时神经联系系统是动力的，它经常不断地在变化、补充和改造着。想象是对已有表象进行加工改造而创造新形象的过程，其生理机制是大脑皮层上已经形成的暂时神经联系进行新的结合，亦即旧的暂时神经联系经过重新配合构成新的联系的过程。为了形成新的联系，必须分解已形成的联系，被分解开的联系作为环节包括到新的联系系统中去。

巴甫洛夫学派认为，想象形象的创造是两种信号系统协同活动的结果，虽然表象从形式上看是属于第一信号系统的，其实很多想象的形象，特别是创造性想象的形象具有概括性，想象的形象是在皮层言语机能的一定区域上形成的，是通过词而形成的。人在清醒状态下，词对暂时神经联系的重新结合起着重要的调节和支配作用，通过词才使形象清楚而富有内容。

现代科学表明，下丘脑——边缘系统与大脑皮层共同参与想象的形成。如果人的下丘脑——边缘系统遭到损伤，就可能产生特殊的心理错乱，他们的行为不受一定程序的支配，不能拟订简单的行动计划，不能预见行动的后果，使想象的主要作用受到破坏。

3. 运用催眠术提高想象能力的神经生理学依据

同记忆潜能的开发一样，想象能力的开发也是借助催眠术对潜意识的激活，从而改变大脑意识对大脑暂时联系活动的控制状态，代之以潜意识来控制暂时神经联系活动。利用催眠术，使人进入以潜意识为主导的大脑活动状态，充分发挥大脑新皮质层右半球、古皮质层及以下神经系统的活动能力，从而达到开发大脑想象潜能的目的。

5.2.2 运用催眠术提高想象能力的方法

运用催眠术提高想象能力，实际上就是借助催眠暗示的作用来激活人的潜意识，并通过潜意识对心智活动进行控制和管理，挖掘大脑右半球、古皮质层及其以下神经系统的连接功能，改变大脑皮层对知识的组织方式，使想象的效率提高。从操作主体上看，运用催眠术提高想象能力的方法有两种，即他人催眠法和自我催眠法。需要说明的是，无论是他人催眠法，还是自我催眠法，都必须针对具体的想象主题来进行。一般而言，催眠想象对解决图像与乐谱构造、空间结构变换、人物性格塑造等作用比较明显。

1. 他人催眠想象法

他人催眠想象法对施术者的要求比较高，它不仅要求施术者懂得催眠术，而且要熟悉想象主题所属领域的知识体系。此外，要想获得较好的想象效率，还必须得到受术者的密切配合。这里以空间几何（六面魔方体）想象为例，择要介绍催眠想象的基本方法。操作程序如下。

(1) 准备:

在施术之前，要预备一张催眠诱导图（见图5-2）和需要受术者想象的主题材料（这里待想象的材料为六面魔方体的组合结构）；检验受术者的催眠易感性。

注意：在准备阶段，施术者务必指导受术者熟悉魔方体的形状、构造。在这里，需要受术者弄清三阶六面魔方的颜色搭配和旋转方法（见图5-3）。

(2) 按照催眠的诱导、深化程序将受术者催眠至深度催眠状态（参见3.2）。

(3) 待受术者进入深度催眠状态后，施术者暗示说:

"现在，你来到一个多彩迷宫的跟前。这迷宫的外形像一个巨大的立方体，由上、中、下三层构成。奇怪的是，它的底部只有一根柱子就被撑起耸立于空中，其顶层、底层和周围四面涂上了不同的颜色。柱子上有个登梯口，由此可以进入迷宫。"

图5-3　魔方体

(4) 施术者继续暗示说："进去看看吧!"

(5) "现在，你来到这神奇的迷宫。站在迷宫的底层，绿油油一片；环顾四周，色彩斑斓。继续往上蹬，你来到迷宫的第二层。奇怪的是，迷宫第二层的四周到处是通道。你往左边的通道上走去，看到金光闪闪的一片；你继续往左走，拐过角后，见到的是红彤彤一片；当你再往左走时，却见到灰蒙蒙的世界；再往左走，突然来到橙黄橙黄的果林里。在这里，你满心喜悦，品尝一下甜橙的美味吧。”

（6）这时，施术者实际上已经暗示受术者构建一个四面方正的彩色框架。继续给予暗示说：

“品尝了甜橙的美味，再去看看上面吧！”

（7）施术者继续暗示说：

“啊，这里又是一番新天地。蓝蓝的天空，令人心旷神怡。你往右看，那里又是金光闪闪；往左看，那是你刚才吃甜橙的地方。你朝果林边上走去吧，那里又是灰蒙蒙的一片。继续往右走，你又会看到红彤彤的一片。”

（8）这时，已暗示受术者构建一个初步的立体空间结构。现在需要进一步强化，暗示说：

“现在往下走吧。你绕着金黄的道路边，一直往下走，穿过中间楼层，又来到一片绿油油的草地。沿着草地往外走，你走出了迷宫。你回头看看刚才走过的那个迷宫吧。请绕着迷宫的外边走，你看它的四面：橙黄的一面，金黄的一面，红艳艳的一面，灰色的一面。”

（9）此时，施术者可诱导受术者从催眠状态中觉醒（参见3.2）觉醒方法。

（10）通过接受以上暗示，受术者将比较容易理解三阶六面魔方体的玩法。

2. 自我催眠想象法

自我催眠想象法要求当事人明确想象的主题内容，以便使催眠想象有针对性。这里以构思一幅风景画为主题，进行自我催眠。操作程序如下。

（1）准备：

在实施自我催眠之前，要预备一张催眠诱导图（见图5－2）和拟识记的知识材料（这里拟识记的材料为古代秦国的民歌《蒹葭》，包括录音材料和印刷材料）。有声材料可以自己制作或到专门机构购买。

（2）接着，按照自我催眠的自律训练法中的要求，暗示自己进入催眠状态（参见第4章）。

（3）若觉得自己已经感到“额头凉凉的”，暗示自己已经来到一个风景秀丽的地方。在这里，杨柳青青，和煦的春风吹拂，湖水荡漾；小鸟飞过，鱼儿雀跃。啊，太美了。

（4）这时，继续暗示自己，即使睁开眼睛也不会醒来，但能清晰地看到一幅美丽的风景展现在眼前。越来越清晰，越来越清晰……

（5）继续暗示自己：这么好的风景，该画下来啊！

（6）此时，由他人帮忙把写生本和彩笔递到手里，让你自己写生。

（7）当你觉得已经画好一幅画之后，你就可以从催眠状态觉醒过来了。

（8）按照催眠觉醒方法的操作程序，让自己觉醒过来（请参见4.2）。

思考与练习

1. 你认为运用催眠术提高记忆和想象能力的原理是什么？
2. 请参照本章所提供的操作程序与方法，尝试记忆一篇古文。

第 6 章　运用催眠术提高外语学习效率的原理与方法

本章要点

1. 初步探索运用催眠术提高英语词汇记忆效率的原理与方法。
2. 初步探索运用催眠术提高英语口语能力的原理与方法。
3. 初步探索运用催眠术提高英语听力的原理与方法。

运用催眠术为什么有助于提高外语学习的效率？这是由外语学习的本质与催眠对人脑活动的作用所决定的。外语学习，从本质上看，就是要在大脑中建立一套新的语音、字形、语义互联的心理语言暂时神经联系系统，以便于遇到刺激时（即交流需要的出现），能够使新（外语）与旧（母语）两套音、形、义暂时神经系统之间产生定向激活，并输出相应的符号表征。但是，心理语言暂时神经联系系统的建立，不仅与新皮质层的神经兴奋强度有关，而且与古皮质层及其以下神经系统活动有关。这是被神经心理学和心理语言学实验研究所证实了的事实。然而，正如前面所说，催眠能帮助潜意识取得对大脑活动的控制权，使大脑古皮质层及其以下神经系统的活动能力增强，从而促进心理语言暂时神经联系系统的建立。

作为新心理语言（即外语）暂时神经联系系统，它由多个子系统构成，这包括心理词汇子系统、听力理解子系统、阅读理解子系统、书面表达子系统和口头表达子系统等。鉴于英语学习流行范围比较广的事实，本章将以英语学习为例，分别介绍运用催眠术提高各子系统建立效率的原理和方法。

6.1 运用催眠术提高英语词汇记忆效率的原理与方法

6.1.1 运用催眠术提高英语词汇记忆效率的原理

1. 英语词汇记忆的本质

英语词汇的记忆，其实质是要将英语词汇的发音、拼写同大脑中已有的语义网络（即暂时神经联系系统）连接在一起，组成一个新的心理词库，以备日后提取。例如，在大脑中“照片”这一心理概念（即语义，通常以“原型”的形式存在），已经同母语“照片”建立了连接，当学习并记住英语“photo”之后，也同“照片”建立连接。一般而言，母语同“照片”这一心理概念的连接强度

图 6-1 大脑对“照片”这一词汇的汉语（母语）与英语（外语）的理想记忆模型

要比英语的大。连接强度越大，越容易被提取，或者说越容易“想起来”、“记起来”、“用起来”。这就是人们为什么学了多年的英语，仍然倾向于用母语来表达思想的原因。英语学习者在记英语单词时，

若不去思考其含义，而是采取典型的“英—汉对照”方式，就可能出现英语单词的“发音”和“拼写”同汉语的“发音”和“拼写”直接相连，而与语义之间无连接的情况（见图 6 - 1 虚线部分）。这样记下的英语单词，在遇到有“思想”表达需要时，很难被直接提取出来，而需要通过汉语间接相连。

2. 英语词汇记忆的过程及形成的条件

根据认知心理学的观点，英语词汇的记忆同其他知识的记忆一样，也由识记、保持、再认和提取或回忆几个环节构成。在识记英语词汇的过程中，大脑神经系统对英语词汇的处理要经过感觉登记、短时记忆、长时记忆这几个过程（见图 6 - 2）。例如，将“portray（描写，扮演），potherb（植物香料），potluck（拼凑的菜，便饭），pottage（浓汤），precocity（早熟），predatory（食肉的），preface（序文的），prod（激励，刺），purport（主旨，意义），profanation（冒犯、亵渎），prognostic（预兆，预测），prologue（序言、开场白），promulgation（颁布、散布）”这些英语单词呈现在你的眼前，如果你的眼睛注视到它们的话，则眼睛的视网膜会将它们扫描下来，并在瞬间内暂时登记它们（感觉登记区）。如果大脑皮层不加以关注，它们马上就会消失；若受到关注，则其中的部分单词信息会进入大脑边缘系统。在边缘系统中，那些受到来自大脑新皮质层知识库召唤的英语单词信息会不断作反响回路运动（短时记忆区），信息得到增益，动能也随即增强，最后以电脉冲的形式向大脑新皮质层传送，处理能力大约为 7 ±2 个信息组块（chunk）。在大脑新皮质层（长时记忆区），这些英语单词信息分别被相近或相反的已有图像的、运动的或语义的网络系统所接纳，成为它们当中的新成员，并由此而构成有效的英语心理词库。

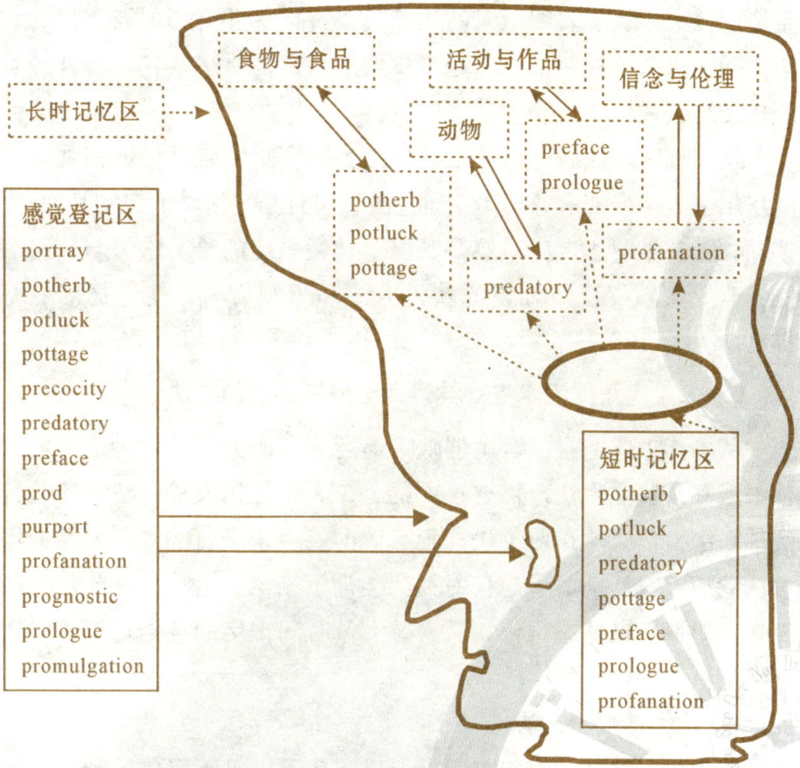

图6-2 英语词汇记忆过程示意图

3. 运用催眠术提高英语词汇记忆效率的原理

从记忆的神经生理学基础上可以看出，古皮质层会由于新皮质层的紧张而压制其自身的机能。譬如，一味地想着“记下来，记下来”的结果反而记不住，一味地“想起来，想起来”的结果也是更加想不起来。这是因为一味地强制想法引发了新皮质层的紧张，抑制了古皮质层的记忆机能。为此，我们应该尽量避免无效地刺激新皮质层，以免影响古皮质层作用的发挥，而应设法创造一种环境，使新皮质层、古皮质层及其以下神经系统的机能能够适度配合，产生协同效应。实践表明，人的大脑进入 θ 波为主导、α 波相伴的状态，即在潜意识控制下时，是新皮质层、古皮质层及其以下神经系统机能达到最佳“配合”状态的时机。

运用催眠术提高英语词汇记忆能力，实际上就是借助催眠暗示的作用来激活人的潜意识，并通过潜意识对心智活动的控制和管理，挖掘大脑右半球、古皮质层及其以下神经系统的语言学习与记忆潜能，改变大脑皮层对知识的获得方式和组织方式，使记忆的效率提高。

6.1.2 运用催眠术提高英语词汇记忆效率的方法

从操作主体上看，运用催眠术提高记忆的方法有两种，即他人催眠法和自我催眠法。需要说明的是，无论是他人催眠法，还是自我催眠法，都必须针对英语词汇具体的特点来进行。对形象类词汇可诱导形象或活动的联想，对抽象类词汇则诱导语境的联想。一般而言，对那些难认、难记，又需要大量时间记忆的英语词汇，采用催眠记忆方法效果会比较理想。

1. 他人催眠记忆法

他人催眠记忆法对施术者的要求比较高，它不仅要求施术者懂得催眠术，而且要精通英语，懂得英语作为一门工具的教授方法。此外，要想获得较好的记忆效率，还必须得到受术者的密切配合。他人催眠记忆法的重点是要诱导受术者产生语境幻觉，使右脑半球积极参与心理词汇库的组建。这里以诱导英语词汇应用语境为例，择要介绍催眠记忆的基本方法。操作程序如下。

(1) 准备：

在施术之前，要预备一张催眠诱导图（见图 5－2）和需要受术者记忆的知识材料（这里待记忆的材料为屈原的，包括录音材料和印刷材料）；检验受术者的催眠易感性。

注意：在准备阶段，施术者务必指导受术者熟悉拟识记的材料。在这里，需要受术者弄清常用英语词汇的读音、基本含义。

（2）按照催眠的诱导、深化程序将受术者催眠至深度催眠状态（参见3.2）。

（3）待受术者进入深度催眠状态后，给予以下暗示：

“现在是吃晚饭的时间了，我请你到一家美国人开的餐馆吃饭。在这里服务员都只说英语，菜单和餐具上写的也是英语，希望你能记住这些餐具和菜名的英文，以后你就可以跟服务员直接用英语说了。”

（4）接着，施术者继续暗示说：

“先从念餐具的英文名开始，你仔细听，一定要记住这些餐具的英文名……”

coffeepot（咖啡壶），coffee cup（咖啡杯），paper towel（纸巾），napkin（餐巾），table cloth（桌布），teapot（茶壶），tea set（茶具），tea tray（茶盘），caddy（茶罐），dish（碟），plate（盘），saucer（小碟子），rice bowl（饭碗），chopsticks（筷子），soup spoon（汤匙），knife（餐刀），cup（杯子），glass（玻璃杯），mug（马克杯），picnic lunch（便当），fruit plate（水果盘），toothpick（牙签）

（5）接着，施术者继续暗示说：

“接下来，我们来看看有什么熟菜和调味品。啊，有不少，我念出来，你仔细听，一定要记住这些熟菜和调味品的英文名……”

string bean（四季豆），pea（豌豆），green soybean（毛豆），soybean sprout（黄豆芽），mungbean sprout（绿豆芽），bean sprout

(豆芽), kale (甘蓝菜), cabbage (包心菜, 大白菜), broccoli (花椰菜), mater convolvulus (空心菜), dried lily flower (金针菜), mustard leaf (芥菜), celery (芹菜), tarragon (蒿菜), beetroot (甜菜), laver (紫菜), lettuce (生菜), spinach (菠菜), leek (韭菜), caraway (香菜), hair-like seaweed (发菜), preserved sichuan pickle (榨菜), salted vegetable (雪里红), asparagus (芦荟), bamboo shoot (竹笋), dried bamboo shoot (笋干), chives (韭黄), ternip (白萝卜), carrot (胡萝卜), water chestnut (荸荠), ficus tikaua (地瓜), long crooked squash (菜瓜), loofah (丝瓜), pumpkin (南瓜), bitter gourd (苦瓜), cucumber (黄瓜), white gourd (冬瓜), gherkin (小黄瓜), yam (山芋), taro (芋头), beancurd sheets (百叶), champignon (香菇), button mushroom (草菇), needle mushroom (金针菇), agaricus (蘑菇), dried mushroom (冬菇), tomato (番茄), eggplant (茄子), potato, spud (马铃薯), lotus root (莲藕), agaric (木耳), white fungus (白木耳), ginger (生姜), garlic (大蒜), garlic bulb (蒜头), green onion (葱), onion (洋葱), scallion, leek (青葱), wheat gluten (面筋), seasoning (调味品), caviar (鱼子酱), barbeque sauce (沙茶酱), tomato ketchup, tomato sauce (番茄酱), ustard (芥末), salt (盐), sugar (糖), monosodium glutamate, gourmet powder (味精), vinegar (醋), sweet (甜), sour (酸), bitter (苦), lard (猪油), peanut oil (花生油), soy sauce (酱油), green pepper (青椒), paprika (红椒), star anise (八角), cinnamon (肉桂), curry (咖喱), maltose (麦芽糖), jerky (牛肉干), dried beef slices (牛肉片), dried pork slices (猪肉片), confection (糖果), lace fruit (蜜饯), armalade (果酱), dried persimmon (柿饼), candied melon (冬瓜

糖），red jujube（红枣），black date（黑枣），glace date（蜜枣），dried longan（桂圆干），raisin（葡萄干），chewing gum（口香糖），nougat（牛乳糖），mint（薄荷糖），drop（水果糖），marshmallow（棉花糖），caramel（牛奶糖），peanut brittle（花生糖），castor sugar（细白砂糖），granulated sugar（砂糖），sugar candy（冰糖），butter biscuit（奶酥），rice cake（年糕），moon cake（月饼），green bean cake（绿豆糕），popcorn（爆米花），chocolate（巧克力），marrons glaces（糖炒栗子）

（6）接下来，施术者继续暗示说：

“接下来，我们来看看中餐有什么品种。啊，好丰富。我念出来，你仔细听，一定要记住它们的英文名……”

bear's paw（熊掌），breast of deer（鹿脯），sea cucumber（海参），sea sturgeon（海鳝），salted jelly fish（海蜇皮），seaweed（海带），abalone（鲍鱼），shark fin（鱼翅），scallops（干贝），lobster（龙虾），bird's nest（燕窝），roast suckling pig（烤乳猪），pig's knuckle（猪脚），boiled salted duck（盐水鸭），preserved meat（腊肉），barbecued pork（叉烧），sausage（香肠），fried pork flakes（肉松），meat diet（荤菜），vegetables（素菜），meat broth（肉羹），local dish（地方菜），Cantonese cuisine（广东菜），curry rice（咖喱饭），fried rice（炒饭），plain rice（白饭），crispy rice（锅巴），porridge（粥），noodles with gravy（打卤面），plain noodle（阳春面），casserole（沙锅），fire pot（火锅），meat bun（肉包子），shao-mai（烧卖），preserved bean curd（腐乳），bean curd（豆腐），fermented blank bean（豆豉），pickled cucumbers（酱瓜），preserved egg（皮

蛋), salted duck egg (咸鸭蛋), dried turnip (萝卜干), clay oven rolls (烧饼), fried bread stick (油条), fried leek dumplings (韭菜饺), boiled dumplings (水饺), steamed dumplings (蒸饺), steamed buns (馒头), steamed sandwich (蒸包), rice and vegetable roll (饭团), egg cakes (蛋饼), beef (牛肉), pork (猪肉), chicken (鸡肉), mutton (羊肉), bread (面包), steamed bread (馒头), rice noodles (米粉), fried rice noodles (河粉), steamed vermicelli roll (肠粉), macaroni (通心粉), bean thread (冬粉), bean curd with odor (臭豆腐), flour-rice noodle (面粉), instinct noodles (速食面), crust (面包皮), sandwich (三明治), toast (土司), hamburger (汉堡包), cake (蛋糕), spring roll (春卷), pancake (煎饼), fried dumpling (煎饺), rice glue ball (元宵), glue pudding (汤圆), millet congee (小米粥), cereal (麦片粥), steamed dumpling (蒸饺), ravioli (馄饨), ham and egg (火腿肠), buttered toast (奶油土司), French toast (法国土司), muffin (松饼), cheese cake (酪饼), white bread (白面包), brown bread (黑面包), French roll (小型法式面包), appetizer (开胃菜), green salad (蔬菜沙拉), onion soup (洋葱汤), pottage (法国浓汤), corn soup (玉米浓汤), minestrone (蔬菜面条汤), ox tail soup (牛尾汤), fried chicken (炸鸡), roast chicken (烤鸡), well done steak (全熟牛排), T-bone steak (丁骨牛排), rare filet steak (三分熟菲力牛排), sirloin steak (沙朗牛排), club steak (小牛排), beer (啤酒), draft beer (生啤酒), stout beer (黑啤酒), canned beer (罐装啤酒), red wine (红葡萄酒), gin (琴酒), brandy (白兰地), whisky (威士忌), vodka (伏特加), rum (朗姆酒), champagne (香槟)

(7) 接下来，施术者继续暗示说：

"接下来，我们来看看西餐和日本料理有什么品种。啊，也有不少。我念出来，你仔细听，一定要记住它们的英文名……"

French cuisine（法国菜），today's special（今日特餐），chef's special（主厨特餐），buffet（自助餐），fast food（快餐），specialty（招牌菜），continental cuisine（欧式西餐），aperitif（饭前酒），dim sum（点心），French fries（炸薯条），baked potato（烤马铃薯），mashed potatoes（马铃薯泥），omelette（煎蛋），pudding（布丁），pastries（甜点），pickled vegetables（泡菜），kimchi（韩国泡菜），crab meat（蟹肉），prawn（明虾），conch（海螺），escargots（田螺），braised beef（炖牛肉），bacon（熏肉），poached egg（荷包蛋），sunny side up（煎一面荷包蛋），fried egg（煎蛋），over easy（煎半熟蛋），over hard（煎全熟蛋），scramble eggs（炒蛋），boiled egg（煮蛋），stone fire pot（石头火锅），sake（日本米酒），roast meat（铁板烤肉），sashimi（生鱼片）

(8) 接下来，施术者继续暗示说：

"接下来，我们来看看有什么冷饮和水果。啊，好丰富。我念出来，你仔细听，一定要记住它们的英文名……"

beverages（饮料），syrup of plum（酸梅汤），coconut milk（椰子汁），asparagus juice（芦荟汁），grapefruit juice（葡萄柚汁），ginger ale（姜汁），sarsaparilla（沙士），soft drink（汽水），coco-cola (coke)（可口可乐），black tea（红茶），jasmine tea［茉莉茶（香片）］，tea bag（茶包），lemon tea（柠檬茶），white goup tea（冬瓜

茶），honey（蜂蜜），chlorella（绿藻），soda water（苏打水），artificial color（人工色素），ice water（冰水），mineral water（矿泉水），distilled water（蒸馏水），long-life milk（保久奶），condensed milk（炼乳，炼奶），cocoa（可可），coffee mate（奶精），coffee（咖啡），white coffee（牛奶咖啡），black coffee（纯咖啡），ovaltine（阿华田），chlorella yakult（养乐多），essence of chicken（鸡精），ice-cream cone（甜筒），sundae（圣代，新地），ice-cream（雪糕），vanilla ice-cream（香草冰淇淋），ice candy（冰棒），milk-shake（奶昔），straw（吸管），pineapple（凤梨），watermelon（西瓜），papaya（木瓜），betelnut（槟榔），chestnut（栗子），coconut（椰子），ponkan（柑），tangerine（橘子），mandarin orange（橘），sugar－cane（甘蔗），muskmelon（香瓜），shaddock（文旦），juice peach（水蜜桃），pear（梨），peach（桃子），carambola（杨桃），cherry（樱桃），persimmon（柿子），mango（芒果），fig（无花果），water caltrop（菱角），almond（杏仁），plum（李子），honey-dew melon（哈密瓜），loquat（枇杷），olive（橄榄），rambutan（红毛丹），durian（榴梿），strawberry（草莓），grape（葡萄），grapefruit（葡萄柚），lichee（荔枝），longan（龙眼），wax-apple（莲雾），guava（番石榴），banana（香蕉）

（9）以下内容的记忆须待受术者进入深度催眠状态后进行，并给予以下暗示：

“现在你已经来到英语国家，生病了需上医院看医生。该到哪个医疗部门、找谁呢？这里有份机构名称目录，我念给你听，请你仔细听，并记住它们的英文名称……”

children's hospital（儿童医院），polyclinic（综合医院），leprosarium（麻风病院），lying-in hospital（产科医院），mental home（精神病院），obstetrics and gynecology hospital（妇产医院），plastic surgery hospital（整形外科医院），stomatological hospital（口腔医院），tuberculosis hospital（结核病医院），tumour hospital（肿瘤医院），clinic（诊疗所），first-aid station（急救站），quarantine station［防疫站（检疫所）］，rest home（休养所），sanatorium（疗养院），medical department（内科），surgical department（外科），anaesthesiology department（麻醉科），cardiology department（心脏病科），dental department（牙科），dermatology department（皮肤科），department of cerebral surgery（胸外科），general surgery（普通外科），neurology department（神经科），neurosurgery department（精神外科），obstetrics and gynecology department（妇产科），ophthalmology department（眼科），orthopedic surgery depart-ment（矫形外科），orthopedics department（骨科），otorhinolaryngological department（耳鼻喉科），paediatrics department（小儿科），pathology department（病理科），plastic surgery（整形外科），psychiatry department（精神病科），thoracic surgery department（脑外科），traumatology department（创伤外科），urology department（泌尿科），X-ray department（放射科），registration office（挂号处），out-patient department，OPD（门诊部），in-patient department（住院部），nursing department（护理部），consulting room（诊室），waiting room（候诊室），admitting office（住院处），emergency room（急诊室），operation room，operation theatre（手术室），laboratory（化验室），blood bank（血库），pharmacy，dispensary（药房），ward（病房），medical ward（内科病房），surgical ward（外科病房），maternity ward（产科病房），isolation ward（隔离病

房），observation ward（观察室），hospital bed（病床），director of the hospital（院长），head of the department of medical administration（医务部主任），head of the nursing department（护理部主任），head of out-patient department（门诊部主任），head of the medical department（内科主任），head of the surgical department（外科主任），physician in charge（主治医生），resident physician（住院医生），interne（实习医生），laboratory technician（化验师），head nurse（护士长），anaesthetist（麻醉师），pharmacist（药剂师），internist（内科医生），brain specialist（脑科专家），cardiac surgeon（心外科医生），cardiovascular specialist（心血管专家），dentist（牙科医生），dermatologist（皮肤科医生），ear-nose-throat doctor（耳鼻喉医生），gynecologist（妇科医生），heart specialist（心脏病专家），neurologist，nerve specialist（神经科专家），obstetrician（产科医生），oculist（眼科医生），on-cologist（肿瘤科医生），orthopedist（骨科医生），paediatrician（小儿科医生），plastic surgeon（整形外科医生），radiologist（放射科医师），radiographer（放射科技师），urologist（泌尿科医生），dietician（营养医师），out-patient（门诊病人），in-patient（住院病人），medical patient（内科病人），surgical patient（外科病人），obstetrical patient（产科病人），heart disease patient（心脏病病人），emergency case（急诊病人）

（10）以下内容的记忆须待受术者进入深度催眠状态后进行，并给予以下暗示：

“现在你领着一位朋友来到英语国家的一家医院看病，他得的是什么病呢？有很多种哦。你一定要弄清到底是哪一种病啊。这里医生给出了一份常见病种的英文名称，我念给你听，请你仔细听，并记住它们……”

anaemia（贫血），angina pectoris（心绞痛），appendicitis（阑尾炎），arthritis（关节炎），bronchitis（支气管炎），cancer（癌），varicella（水痘），cholera（霍乱），head cold（感冒），diabetes（糖尿病），diphtheria（白喉），eczema（湿疹），epilepsy（癫痫），erysipelas（丹毒），gangrene（坏疽），rubella（风疹），gout（痛风），headache（头痛），hemiplegy（偏瘫，半身不遂），interus，jaundice（黄疸），indigestion（消化不良），influenza（流感），insanity（精神病），leukemia（白血病），malaria（疟疾），malnutrition（营养不良），Malta fever（马耳他热，波状热），measles（麻疹），migraine（偏头痛），miocardial infarction（心肌梗死），mumps（流行性腮腺炎），neuralgia（神经痛），neurasthenia（神经衰弱），paralysis（麻痹），peritonitis（腹膜炎），pharyngitis（咽炎），pneumonia（肺炎），poliomyelitis（脊髓灰质炎），rabies（狂犬病），rheumatism（风湿病），rickets，rachitis（佝偻病），scabies（疥疮），scarlet fever（猩红热），sciatica（坐骨神经痛），sclerosis（硬化），septicemia（败血病），sinusitis（窦炎），smallpox（天花），swamp fever（沼地热），syncope（晕厥），syphilis（梅毒），tetanus（破伤风），thrombosis（血栓形成），torticollis（斜颈），tuberculosis（结核病），tumour（瘤），typhus（斑疹伤寒），urticaria，hives（荨麻疹），whooping cough（百日咳），yellow fever（黄热病），zona（带状疱疹），indisposition（不适），indisposed（不适的），affection（疾病），ulcer（溃疡），wound（创伤，伤口），lesion（损害），injury（损伤），eruption（疹），spot（点，斑），pimple（丘疹，小疮），blackhead（黑头粉刺），blister（水疱），furuncle（疖），scab（痂），scar（瘢

痕），wart（疣，肉赘），allosity（胼胝），corn（鸡眼），chilblain（冻疮），bruise（挫伤），ecchymosis（淤瘢），bump（肿），swelling（肿胀），contusion（挫伤），sprain（扭伤），fracture（骨折），to lose consciousness（失去知觉），concussion（震荡），coma（昏迷）

（11）以下内容的记忆须待受术者进入深度催眠状态后进行，并给予以下暗示：

“现在你领着一位朋友来到英语国家的一家医院看病，病种已经查明，决定采取哪些治疗措施呢？有很多种哦。你一定要弄清医生到底采取哪种啊。这里医生给出了一份常见治疗措施的英文名称，我念给你听，请你仔细听，并记住它们……”

treatment（疗法），anaesthesia（麻醉），blood transfusion（输血），sounding（探通术），amputation（切断术），tracheotomy（气管切开术），trepanation（环锯术，环钻术），transplant（移植），ligature（结扎），stitches（缝线），cicatrization（瘢痕形成），operating theatre（手术室），instruments（手术器械），bistoury（手术刀），bandage（绷带），dressing（敷料），gauze（纱布），compress（敷布），sticking plaster（橡皮膏，胶布），catgut（肠线），plaster（石膏），sling（悬带），plastic surgery（整形手术），acupuncture（针术），cure（治愈），relapse（复发），diet（饮食）

（12）此时，施术者可诱导受术者从催眠状态中觉醒。觉醒方法参见3.2。

（13）以下内容的记忆须待受术者进入深度催眠状态后进行，并给予以下暗示：

“你即将参加升学考试，这里给你弄来了命中率极高的模拟练习题。这是词汇部分。你自己先睁开眼睛看每道题后四个被选词的意思，猜一猜哪个答案可能对。你不用动手，心里想好后就闭上眼睛。我等一会儿帮助你，把答案和单词的意思告诉你。你仔细听我说，记住每一个单词的含义……”

①In that country, guests tend to feel they are not highly ________ if the invitation to a dinner party is extended only three or four days before the party date.

（A）admired （B）regarded （C）expected （D）worshipped

本题的答案是（B）。根据句意，空白处需填入表示“尊重、尊敬”意思的词。（A）admired：“羡慕”。（B）regarded：“尊敬、尊重”。（C）expected：“期望”。（D）worshipped：“崇拜”。（B）与句意吻合，故（B）为正确答案。

② A ________ of the long report by the budget committee was submitted to the mayor for approval.

（A）shorthand （B）scheme （C）schedule （D）sketch

本题的答案是（D）。（A）shorthand：“速记”。（B）scheme：“精心策划的计划，方案；阴谋”。（C）schedule：“计划表，程度表”。（D）sketch：“梗概”。根据题意（D）最为合适，故（D）是正确答案。

③A man has to make ________ for his old age by putting aside enough money to live on when old.

（A）supply （B）assurance （C）provision （D）adjustment

本题的答案是（C）。（A）supply：“供给”。（B）assurance：“保险，保证”。（C）provision：“预防，防备”。make provision for...“为……作准备”。（D）adjustment：“调整”。根据题意（C）是正确答案。

④The newly-built Science Building seems ________ enough to last a hundred years.

（A）spacious（B）sophisticated（C）substantial（D）steady

本题的答案是（C）。（A）spacious：“宽敞的”。（B）sophisticated：“先进的，尖端的”。（C）substantial：“坚固的，结实的”。（D）steady：“稳定的”。根据题意显然应选（C）。

⑤It is well-known that the retired workers in our country are ________ free medical care.

（A）entitled to（B）involved in（C）associated with（D）assigned to

本题的答案是（A）。（A）entitled to：“给予……；授予”。（B）involved in：“卷入”。（C）associated with：“与……有关的”。（D）assigned to：“把……分配给”。（A）与题意吻合，故应选（A）。

⑥The farmers were more anxious for rain than the people in the city because they had more at ________.

（A）danger（B）stake（C）loss（D）threat

本题的答案是（B）。（A）danger 不与 at 构成搭配，故（A）应排除。（B）at 与 stake 是固定搭配，意思是“在危险中，存亡攸关”。（C）at a loss：“不知所措”，不合题意，应排除。（D）at 和 threat 不能构成搭配，故（D）也应排除。因此（B）为正确答案。

⑦I felt ________ to death because I could make nothing of the chairman's speech.

(A) fatigued (B) tired (C) exhausted (D) bored

本题答案是（D）。(A)、(B)、(C)、(D) 都是近义词，基本含义为“累”。(A) fatigued：指人们由于过长时间的劳累，消耗了大量体力，非常需要休息或睡眠。(B) tired：指人们由于过分操劳、烦躁、不耐烦而消耗大量的体能。(C) exhausted：指体能消耗殆尽，全身毫无力气。(D) bored：指由于枯燥、单调引起的厌倦。

⑧When the engine would not start, the mechanic inspected all the parts to find what was at ________.

(A) wrong (B) trouble (C) fault (D) difficulty

本题的答案是（C）。本句空白处前是介词，故此处需填入名词。(A) wrong 是形容词，而且也不能与 at 构成任何搭配，故（A）应排除。(B) trouble 和（D）difficulty 虽然是名词，但它们的前面与 in 搭配，不与 at 搭配，故（B）、(D) 均应排除。(C) at fault 是固定搭配，意思是“出故障，出差错”。

⑨Your advice would be ________ valuable to him, who is at pre - sent at his wit's end.

(A) exceedingly (B) excessively (C) extensively (D) exclusively

本题的答案是（A）。(A) exceedingly：“非常”，合题意，故（A）是正确答案。(B) excessively：“过量地”。(C) extensively：“广泛地”。(D) exclusively：“排他性地”。显然（B）、(C)、(D) 都不合题意，均应排除。

⑩He failed to carry out some of the provisions of the contract, and now he has to ________ the consequences.

(A) answer for (B) run into (C) abide by (D) step into

本题的答案是（A）。(A) answer for：“对……负责”。(B) run into：“使陷进”。(C) abide by：“遵守”。(D) step into：“插手，

干涉”。

⑪The river is already ________ its banks because of excessive rainfall, and the city is threatened with a likely flood.

(A) parallel to (B) level in (C) flat on (D) flush with

本题的答案是（D）。（A）parallel to：“与……平行”。（B）level in：“相等”。（C）flat on：“平躺”。（D）flush with：“与……齐平”。

⑫People ________ that vertical flight transports would carry millions of passengers as do the airliners of today.

(A) convinced (B) anticipated (C) resolved (D) assured

本题的答案是（B）。（A）convinced：“使人信服，相信”。（B）anticipated：“期待”。（C）resolved：“决心”。（D）assured：“保证”。

⑬In spite of the wide range of reading material specially written or ________ for language learning purposes, there is yet no comprehensive systematic programme for the reading skills.

(A) adapted (B) acknowledged (C) assembled (D) appointed

本题的答案是（A）。（A）adapted for：“使适应”。（B）acknowledged：“承认”。（C）assembled：“集合”。（D）appointed：“指定”。

⑭The mother said she would ________ her son washing the dishes if he could finish his assignment before supper.

(A) let down (B) let alone (C) let off (D) let out

本题的答案是（C）。（A）let down：“放下，放低”。（B）let alone：“不管，不干涉”。（C）let off：“免除（任务、责任等）”。（D）let out：“放出，逃出”。

⑮We should always keep in mind that ________ decisions often lead to bitter regrets.

（A）urgent（B）hasty（C）instant（D）prompt

本题的答案是（B）。（A）urgent：“紧急的”。（B）hasty：“仓促的，轻率的”。（C）instant：“紧迫的，立即的”。（D）prompt：“迅速的”。

⑯John complained to the bookseller that there were several pages ________ in the dictionary.

（A）missing（B）losing（C）dropping（D）leaking

本题的答案是（A）。（A）missing：“缺掉的，下落不明的”。（B）losing：“丢失”，一般不能作形容词，更不能作置于名词后的形容词。（C）dropping：“往下掉的”。（D）leaking：“漏的”。

⑰In the past，most foresters have been men，but today，the number of women ________ this field is climbing.

（A）engaging（B）devoting（C）registering（D）pursuing

本题的答案是（D）。（A）engaging：“从事，参与”。（B）devoting：“献身”。（C）registering：“记录”。（D）pursuing：“追赶；从事，进行”。（A）engaging 通常接“in”，此处没有，故（A）应排除。（B）devoting 通常接“to”，此处没有“to”，故（B）也应排除。（C）与上下文不搭配，故（C）也应排除。

⑱The supervisor didn't have time so far to gosintosit ________，but he gave us an idea about his plan.

（A）at hand（B）in turn（C）in conclusion（D）at length

本题的答案是（D）。（A）at hand：“手头，附近”。（B）in turn：“依次，轮流”。（C）in conclusion：“结论”。（D）at length：“详细地，充分地”。

⑲Their demand for a pay raise has not the slightest ________ of being met.

(A) prospect (B) prediction (C) prosperity (D) permission

本题的答案是(A)。(A) prospect:"前景"。(B) prediction "预言"。(C) prosperity:"繁荣"。(D) permission:"允许"。

⑳It's usually the case that people seldom behave in a ________ way when in a furious state.

(A) stable (B) rational (C) legal (D) credible

本题的答案是(B)。(A) stable:"稳定的"。(B) rational:"理智的"。(C) legal:"合法的"。(D) credible:"可信赖的"。

㉑I was speaking to Ann on the phone when suddenly we were ________.

(A) hung up (B) hung back (C) cut down (D) cut off

本题的答案是(D)。(A) hung up:"把……挂起来,挂断电话"。(B) hung back:"犹豫,踌躇不前"。(C) cut down:"砍倒"。(D) cut off:"突然中断,切断,打断"。(B)、(C)与原句意思相差较远,应立即排除。(A)虽可作"挂断电话"解,但是通常指双方通话期间,其中一方把电话挂断。本句的后半句是"we were...",显然在双方通话期间,没有任何一方把电话挂断,而是外来因素(如:接线员)把"我们的通话突然中断了"。

㉒She wondered if she could have the opportunity to spend ________ here so that she could learn more about the city.

(A) sometimes (B) some time (C) sometime (D) some times

本题的答案是(B)。(A) sometimes:"有时"。(B) some time:"一些时间"。(C) sometime:"以前的,一度的,前任的"。(D) some times:"在某些场合,不时"。从句意上看,应选(B)。全句

的意思是：她不知道自己是否有机会在此处花一些时间以便更多地了解这个城市的情况。

㉓Ms. Breen has been living in town for only one year, yet she seems to be ________ with everyone who comes to the store.

(A) accepted (B) admitted (C) admired (D) acquainted

本题的答案是（D）。四个备选答案中能和 with 相搭配的只有（D）acquainted，与 with 连在一起意为“熟悉”，故应选（D）。(A) accepted：“接受”。(B) admitted：“承认，接受”。(C) admired：“羡慕”。(A)、(B)、(C) 均不能与 with 相搭配，故均应排除。

㉔He does not ________ as a teacher of English as his pronuncia-tion is terrible .

(A) equal (B) match (C) qualify (D) fit

本题的答案是（C）。(A) equal 作动词用时意为“等于，比得上”。(B) match：“与……相匹敌，使较量”。(C) qualify：“有资格”。(D) fit：“使合适，使符合”。根据句意，应选（C）。全句的意思是：他当英文教师不够资格，因为他的发音糟透了。

㉕Dozens of scientific groups all over the world have been ________ the goal of a practical and economic way to use sunlight to split water molecules.

(A) pursuing (B) chasing (C) reaching (D) winning

本题的答案是（A）。goal 只与四个备选答案中的（A）pursuing：“追求，寻求”和（C）reaching：“达到”相搭配，故（B）chasing：“追逐”和（D）winning：“赢得”应立即排除。由于（C）reaching (the goal) 指已达到的目标，实际上句中所说的“利用太阳光分解水分子”的方法仍在摸索中，尚未变成现实，故（C）也应排除。

㉖The discussion was so prolonged and exhausting that ________ the speakers stopped for refreshments.

(A) at large (B) at intervals (C) at ease (D) at random

本题的答案是（B）。(A) at large："自由行动，逍遥自在地"。(B) at intervals："不时，时时"。(C) at ease："不紧张，自由自在"。(D) at random："随便，随机地，随意地"。根据句意应选(B)。全句的意思是：讲座开得那么冗长使人精疲力尽，致使发言的人不时停下来喝点饮料。refreshments 也可作"点心"理解。

㉗When traveling, you are advised to take travellers' checks, which provide a secure ________ to carrying your money in cash.

(A) substitute (B) selection (C) preference (D) alternative

本题的答案是（D）。(A) substitute："代替，代替物"。(B) selection："选择"，指从相当数量中进行选择，强调数量多和慎重的判断和鉴别。(C) preference："喜欢，偏爱"，强调选择时个人的偏爱。(D) alternative："两者或两者以上挑一；取舍，抉择"。根据题意，外出旅行，带钱时只有少数几种选择：现金、旅行支票或信用卡。四个备选答案中，最接近题意的是（D）alternative："从两个（或两个以上）中选择一种"。

㉘I never trusted him because I always thought of him as such a ________ character.

(A) gracious (B) suspicious (C) unique (D) particular

本题的答案是（B）。(A) gracious："有礼貌的，宽厚的，优美的"。(B) suspicious："多疑的，可疑的"，常指所怀疑的对象或事情未必是真的，带有"疑神疑鬼"、"神经过敏"的含义。(C) unique："独一无二的，唯一的"。(D) particular："特别的"，带有引人注目的意思。根据句意，应选（B）。全句的意思为：我从不相信他，因为我总认为他是那种多疑的人。判断时请注意，句子前半句是“我从不相信他”，根据逻辑关系，可以肯定后面描述他的字眼肯定不是什么好字眼，四个备选答案中，唯有（B）是带贬义的词，故可肯定（B）为正确答案。

㉙Changing from solid to liquid, water takes in heat from all substances near it, and this ________ produces artificial cold surrounding it.

(A) absorption (B) transition (C) consumption (D) interaction

本题的答案是（A）。(A) absorption：“吸收”。(B) tran-sition：“传送，过渡，传递”。(C) consumption：“消费，消耗”。(D) interaction：“相互作用”。根据句意，应选（A）。四个选项都是以-tion为结尾，但意思却相差甚远。全句的意思是：水从固态变成液态时，吸收它周围所有物质的热量，而这种吸收便在它的周围产生人为的低温状态。

㉚I didn't say anything like that at all. You are purposely ________ my ideas to prove your point.

(A) revising (B) contradicting (C) distorting (D) distracting

本题的答案是（C）。(A) revising：“改编，修改”。(B) contradicting：“自相矛盾”。(C) distorting：“歪曲，曲解”。(D) distracting：“分神，打扰，迷惑”。很明显，备选答案中只有（C）distorting符合句意，故（C）为正确答案。(A)、(B) 和（D）填入句中均说不通，或很别扭，故均应排除。

㉛Language, culture, and personality may be considered ________ of each other in thought, but they are inseparable in fact.

(A) indistinctly (B) separately (C) irrelevantly (D) independently

本题的答案是（D）。(A) indistinctly：“不清楚地，分不清地”，强调“看不清、听不清”，以致无法弄清。（B）separately：“分离地”，强调可以分开的。（C）irrelevantly：“无关地，不相干地”，强调相互没有关系。（D）independently：“独立地，单独地”，强调独立性，与别的人、事关系不大。根据题意，只有（D）比较接近原句的意思，故应选（D）。全句的意思是：语言、文化和个性可以认为在意识形态中是相互独立的，但事实上它们是无法分开的。

㉜Watching me pulling the calf awkwardly to the barn, the Irish milkmaid fought hard to ________ her laughter.

（A）hold back（B）hold on（C）hold out（D）hold up

本题的答案是（A）。（A）hold back：“忍住，抑制，踌躇”。（B）hold on：“继续，坚持”。（C）hold out：“伸出，坚持”。（D）hold up：“阻挡，举起，拦截”。四个备选答案中，（A）比较接近句意，故应选（A）。全句意思为：看到我费劲地把小牛拉回牲口棚，那个爱尔兰挤奶女工极力忍住没笑出声来。

㉝The manger gave one of the salesgirls an accusing look for her ________ attitude toward customers.

（A）impartial（B）mild（C）hostile（D）opposing

本题的答案是（C）。（A）impartial：“公正的”。（B）mild：“温和的”。（C）hostile：“敌对的”。（D）opposing：“面对的，相对的，相反的”。根据句意，（C）与句意最为接近，故应选（C）。全句的意思是：经理向其中一位女售货员投以指责的目光，因为她对顾客持敌对态度。

㉞I ________ with thanks for the help of my colleagues in the preparation of this new column.

（A）express（B）confess（C）verify（D）acknowledge

本题的答案是（D）。（A）express：“表示，表达”，指表达思想或感情。(B) confess:“坦白”,指犯了错误或犯了罪之后坦白自己的错误或罪行。(C) verify:“证实,核实”,指核对某事是否属实。(D) acknowledge:“承认”,主要指承认事实。显然,(D) 最接近句子的意思,故应选 (D)。

㉟It is strictly ________ that access to confidential documents is denied to all but a few.

(A) secured (B) forbidden (C) regulated (D) determined

本题的答案是 (C)。(A) secured:“为……作保,使安全”。(B) forbidden:“禁止”。(C) regulated:“规定”。(D) determined:“决定”。四个备选答案中 (C) 最接近句意,故应选 (C)。

㊱The pollution question as well as several other issues is going to be discussed when the Congress is in ________ again next spring.

(A) assembly (B) session (C) conference (D) convention

本题的答案是 (B)。(A) assembly:“大会”,指有许多人参加的,计划和安排周到的大会。如联合国大会是“General Assembly”。(B) session 通常置于 in 之后,表示“在开会”,指一次会议、一届会议或美国国会的每次开会。(C) conference:“会议”,指正式的,有许多人或有许多国家代表参加的讨论或磋商某一严重问题的会议。(D) convention:“会议”,常指政府或某政治团体举行的会议,也可以指州级或国家级会议。

㊲Christmas is a Christian holy day usually celebrated on December 25th ________ the birth of Jesus Christ.

(A) in accordance with (B) in terms of (C) in favor of (D) in honor of

本题的答案是 (D)。(A) in accordance with:“根据”,比较正规的字眼,通常指根据国家法律规定或某些重要条例的规定。(B)

in terms of:"就……而言，以……措辞，关于"。(C) in favor of:"喜欢"。(D) in honor of:"纪念，招待"。很明显 (D) 最接近句意。

㊳Since it is late to change my mind now, I am ________ to carrying out the plan.

(A) obliged (B) committed (C) engaged (D) resolved

本题的答案是 (B)。(A) (be) obliged (to):"对……很感激，不得不"，后接名词或不定式（作"不得不"解），而不接动名词。(B) (be) committed (to):"同意承担，答应干某事"，后接动名词、不定式、名词均可。例如：He was committed to fulfilling the task within two weeks. 后接动名词 fulfilling，符合题意，故 (B) 为正确答案。(C) engaged (in):"从事……"，后接介词 in。而本题的空白处后为 to + 动名词。(C) 明显不符合题意，故 (C) 也应立即排除。(D) resolved (to):"决心"，后接不定式，不接动名词，故 (D) 也应排除。

㊴It was a bold idea to build a power station in the deep valley, but it ________ as well as we had hoped.

(A) came off (B) went off (C) brought out (D) made out

本题的答案是 (A)。(A) came off:"结果；离开；举行；实现，成功"，这个短语的意思很多，大家要注意区分。(B) went off:"离去；变坏，爆炸"。(C) brought out:"使出现；出版，公布"。(D) made out:"书写，拼凑，完成"。从题意上看，(A) 最为合适，故应选 (A)。

㊵To survive in the intense trade competition between countries, we must ________ the qualities and varieties of products we make to the worldmarket demand.

(A) improve (B) enhance (C) guarantee (D) gear

本题的答案是 (D)。(A) improve:"改善",是及物动词,后面直接接名词作宾语,而不再接"to + n...",本句后面有这种"to + n..."的结构,故 (A) 不符合题目的句型结构,应排除。(B) enhance:"增加,提高",及物动词,后面也可接名词作宾语,而不再接"to + n..."的结构,故也应排除。(C) guarantee:"保证,担保,保修",是及物动词,后不接"to + n..."的结构,故也应排除。(D) gear... (to):"使适应,使适合"。(D) 与本题结构相吻合,故应选 (D)。(A)、(B) 和 (C) 表面上意思与题意接近或吻合,但与本考题后半部分的"to + n"不吻合,故均应排除。

(14) 通过接受以上语境暗示,受术者对所出现的抽象词汇的含义将会记得更牢固。

(15) 在记忆了一定的词汇之后,施术者可诱导受术者从催眠状态中觉醒。觉醒方法参见 3.2。

注意:本节中给出的词汇量可视现实情况,分多次完成。每次催眠过程应参照第 3 章提供的方法实施。

2. 自我催眠记忆法

自我催眠记忆法要求当事人明确记忆英语词汇内容,以便使催眠记忆有针对性。这里利用催眠想象法辅助对形象类英语单词的记忆。操作程序如下。

(1) 准备:

在自我催眠之前,要预备一张催眠诱导图(见图 5 - 2)和自我催眠有声材料。自我催眠有声材料可向有关机构购买或自己制作。

(2) 接着,按照自我催眠自律训练法中的要求,暗示自己进入催眠状态(参见第 4 章)。

（3）若觉得自己已经感到“额头凉凉的”，则将录有英语单词的朗读材料开始播放。

（4）这时，随着播放的推进，边听边想象着一场飞机失事场景的出现：一架飞机突然失控，clash（撞击）着一座高楼，飞机自身撞毁，就 crash（坠落）了；高楼的一边玻璃墙被 smash（击碎）了，那些广告牌立即着火，瞬间化为 ash（灰，灰烬）。

（5）至此，有关 clash、crash、smash、ash 的含义就会牢牢记住。

（6）继续自我催眠想象：有个读书人常常 sink in（沉迷）于 thinking（思考），有一天，当他 sinking in thinking，the link（联络）man is drinking pink（粉红）ink。

（7）至此，有关 think、pink、link、sink 的含义就会牢记在大脑中。

（8）接下来，想象你正在写一份英文简历，你需要用上许多英文单词，以下是你必须记住的单词。

（9）在有声材料的引导下，你开始仔细听并记住相关的英文单词：

①“你需要填写以下个人资料……”

name（姓名），alias（别名），address（地址），street（街），road（路），district（区），house number（门牌），lane（胡同，巷）height（身高），bloodtype（血型），weight（体重），born（生于），permanent address（永久住址），birthday（生日），birthdate（出生日期），birthplace（出生地），province（省），county（县），home phone（住宅电话），office phone（办公电话），business phone（办公电话），prefecture（专区），autonomous region（自治区），nationality（民族，国籍），current address（目前住址），citizenship（国籍），

date of birth（出生日期），native place（籍贯），marital status（婚姻状况），family status（家庭状况），married（已婚），single（未婚），divorced（离异），separated（分居），health condition（健康状况），excellent（身体极佳），short-sighted（近视），far-sighted（远视），date of availability（可到职时间），objective（目标），position desired（希望职位），job objective（工作目标），employment objective（工作目标），career objective（职业目标），position sought（谋求职位），position wanted（希望职位），position applied for（申请职位），for more specialized work（为更专门的工作），for prospects of promotion（为晋升的前途），for higher responsibility（为更高层次的工作责任），for wider experience（为增加工作经验），due to closedown of company（由于公司倒闭），due to expiry of employment（由于雇用期满），sought a better job（找到了更好的工作），to seek a better job（找一份更好的工作）

②“接下来，你需要说明你的社会资历、受教育程度……”

membership（会员，资格），vice-president（副会长），direc-tor（理事），standing director（常务理事），society（学会），association（协会），secretary-general（秘书长），research society（研究会），educational history（学历），educational background（教育程度），cur-riculum（课程），major（主修），minor（副修），educational high-lights（课程重点部分），curriculum included（课程包括），specialized courses（专门课程），courses taken（所学课程），special training（特别训练），social practice（社会实践），part-time jobs（业余工作），summer jobs（暑期工作），vacation jobs（假期工作），refresher course

（进修课程），extracurricular activities（课外活动），physical activities（体育活动），recreational activities（娱乐活动），academic activities（学术活动），social activities（社会活动），rewards（奖励），scholarship（奖学金），excellent League member（优秀团员），excellent leader（优秀干部），student council（学生会），off-job training（脱产培训），in-job training（在职培训），educational system（学制），academic year（学年），semester（学期），supervisor（论文导师），pass（及格），fail（不及格），marks（分数），post doctorate（博士后），doctor（博士），master（硕士），bachelor（学士），graduate student（研究生），abroad student（留学生），undergraduate（大学肄业生），government-supported student（公费生），commoner（自费生），extern（走读生），intern（实习生），prize fellow（奖学金生），boarder（寄宿生），graduate（毕业生），guest student［旁听生（英）］，auditor［旁听生（美）］，day-student（走读生）

③“下一步，你需要说明你的工作经历、业绩……”

occupational history（工作经历），professional history（职业经历），specific experience（具体经历），responsibilities（职责），second job（第二职业），achievements（工作成就，业绩），administer（管理），assist（辅助），adapted to（适应于），accomplish［完成（任务等）］，appointed（被任命的），adept in（善于），analyze（分析），authorized（委任的，核准的），behave（表现），break the record（打破纪录），breakthrough（关键问题的解决），control（控制），conduct（经营，处理），cost（成本，费用），create（创造），demonstrate（证明，示范），decrease（减少），design（设计），

develop（开发，发挥），devise（设计，发明），direct（指导），double（加倍，翻一番），earn（获得，赚取），effect（效果，作用），eliminate（消除），enlarge（扩大），enrich（使丰富），exploit [开发（资源，产品）]，enliven（搞活），establish [设立（公司等），使开业]，evaluation（估价，评价），execute（实行，实施），expedite（加快，促进），generate（产生），improve（改进，提高），initiate（创始，开创），innovate（改革，革新），invest（投资），integrate（使结合，使一体化），justified（经证明的，合法化的），launch [开办（新企业）]，maintain（保持，维修），modernize（使现代化），negotiate（谈判），nominated（被提名，被任命的），overcome（克服），perfect（使完善，改善），perform（执行，履行），profit（利润），be promoted to（被提升为），be proposed as [被提名（推荐）为]，realize [实现（目标），获得（利润）]，reconstruct（重建），recorded（记载的），refine（精炼，精制），registered（已注册的），regenerate（更新，使再生），replace（接替，替换），retrieve（挽回），revenue（收益，收入），scientific（科学的，系统的），self-dependence（自力更生），serve（服务，供职），settle [解决（问题等）]，simplify（精简），spread（展开），supervises（监督，管理），supply（供给，满足），systematize（使系统化），well-trained（训练有素的），valuable（有价值的），working model（劳动模范），advanced worker（先进工作者）

④“下一步，你需要陈述你的个性、爱好……”

adaptable（适应性强的），active（主动的，活跃的），aggressive（有进取心的），ambitious（有雄心壮志的），amiable（和蔼可

亲的），amicable（友好的），analytical（善于分析的），apprehen-sive（有理解力的），aspiring（有志气的，有抱负的），audacious（大胆的，有冒险精神的），capable（有能力的，有才能的），care-ful（仔细的），candid（正直的），competent（能胜任的），con-structive（有建设性的），cooperative（有合作精神的），creative（富有创造力的），dedicated（有奉献精神的），dependable（可依赖的），diplo-matic（老练的，有策略的），disciplined（守纪律的），dutiful（尽职的），well-educated（受过良好教育的），efficient（有效率的），ener-getic（精力充沛的），expressivity（善于表达），faithful（守信的，忠诚的），frank（直率的，真诚的），generous（宽宏大量的），genteel（有教养的），gentle（有礼貌的），humorous（有幽默感的），impar-tial（公正的），independent（有主见的），industrious（勤奋的），in-genious（有独创性的），motivated（目的明确的），intelligent（理解力强的），learned（精通某门学问的），logical（条理分明的），me-thodical（有方法的），modest（谦虚的），objective（客观的），pre-cise（一丝不苟的），punctual（严守时刻的），realistic（实事求是的），responsible（负责的），sensible（明白事理的），sporting（光明正大的），steady（踏实的），systematic（有系统的），purposeful（意志坚强的），sweet-tempered（性情温和的），temperate（稳健的），tireless（孜孜不倦的），hobbies（业余爱好），play the guitar（弹吉他），play chess（下棋），play（话剧），long distance running（长跑），play bridge（打桥牌），collecting stamps（集邮），play tennis（打网球），jogging（慢跑），sewing（缝纫），travelling（旅游），lis-tening to symphony（听交响乐），do some clay scultures（搞泥塑）

（10）当你觉得已经记住了上述英语单词之后，你就可以从催眠状态觉醒过来了。

（11）按照催眠觉醒方法的操作程序，让自己觉醒过来（请参见4.2）。

6.2 运用催眠术提高英语口语能力的原理与方法

6.2.1 运用催眠术提高英语口语能力的原理

1. 英语口语能力的本质

英语口语能力，即用英语顺利进行口头表达、与人交流思想的心理特性。从神经心理学的层面上看，英语口头表达，就是大脑心理概念系统激活语言中枢，使心理词汇库中有关英语单词之间的语音暂时神经联系系统按规则接通，并传导到发音系统，实现英语句子的口头输出。

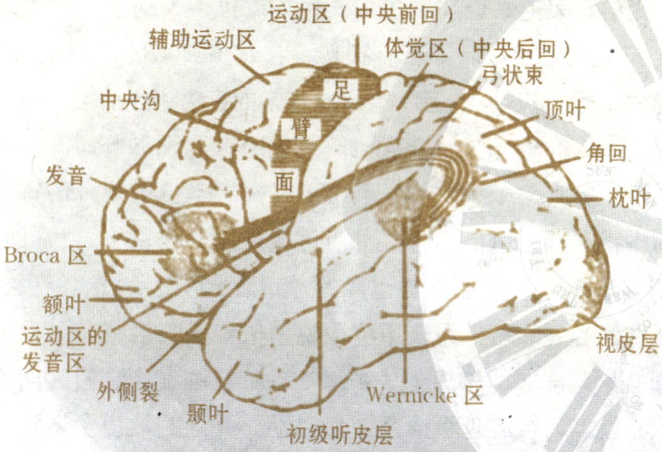

图6－3　大脑皮层语言中枢分布示意图

2. 英语口头表达的过程及形成的条件

英语学习者怎样才能顺利地用英语说话？这取决于生理和心理的多重因素。从语言的神经生理基础上看，说话的能力取决于大脑皮层语言中枢的多个部位（当然还包括发声器官的发育正常），如布洛卡区和沃尼克区等部位（见图 6 -3）。美国布朗大学的布隆斯腾(Sheila E. Blumstein）根据他多年的研究结果指出，言语表达系统不仅在左半球前部的额下回，也延伸到后部的颞叶和顶叶（即包括沃尼克区），言语感受与理解系统也不仅在后部的颞叶及顶叶，而且延伸到前部的额叶（即包括布洛卡区）。这个分布广泛的言语中枢同时主司言语感受、理解与言语生成、表达这两个方面，由于这两个方面涵盖了口头语言的全部功能，因此不妨称之为“口语中枢”或者干脆就称之为“言语中枢”（因为从语言学的角度看，口头语言是书面语言的基础，口头语言是第一位的）。这些部位如果发育不良或受损，则语言表达难以顺利进行。例如，位于大脑皮层左半球的额下回（即第三额回）后部若有损伤，会发生典型的“口语表达性”失语（失语症）。这时患者不能组成正常的言语，说话缓慢费力，语言贫乏，严重的患者会缄默无语。多数患者能说出单词，但发音不清，造不出完整句子——类似电报语，并有不自主的言语重复。这一言语中枢最早是由法国神经外科医生保罗·布洛卡（Paul Broca）于 1861 年发现的，所以通常也称为“布洛卡区”。

从神经心理的角度看，用英语说话依赖于英语词库语音子系统与心理概念系统（即思想生成系统）的连接强度，它们之间的连接强度大，就容易被心理概念系统所激活，并顺利输出发音指令，让声带发出英语句子的声音。否则，要么英语词库语音子系统无法激活，要么被母语所屏蔽。后面这两种情况的结果都是不能在口头上用英语表达思想。可见，要想用英语说话，不仅要解决心理词库英语语音子系统的有无问题，同时还必须保证其与心理概念系统有足够的连接强度。

此外，一个必须强调的条件，就是说话者要有说话的意愿和信心。说话意愿是一个不言自明的问题，这里不再赘述。关于说话者的自信心，对作为外语的学习者而言，是决定其能否顺利说英语的重要因素。说英语的自信心不仅影响说的量，也影响说的质。对“量”的影响主要表现为：自我设置说英语的心理障碍，生怕自己说得不标准，该说的时候不说，本可以多说的内容变成少说，练习机会减少。对“质”的影响主要表现为：因自我设置说英语的心理障碍，把能说的内容变成说不好；因练习说的机会少而失去“自我反馈”，降低甚至阻碍了“过渡态英语”（即说得尚不标准的英语）向“目标态英语”（即说得标准流利的英语）转化的可能性。可见，用英语说话能力的培养不仅要解决好“善于说”的问题，同时也要重视“敢于说”的培养。

3. 运用催眠术提高英语口头表达能力的原理

运用催眠术提高英语口语能力，主要通过三方面的机制来实现：①借助催眠暗示的作用来激活人的潜意识，并通过潜意识对心智活动进行控制和管理，挖掘大脑右半球、古皮质层及其以下神经系统的语言运用潜能；②通过催眠后效的作用，培养说英语的习惯；③利用催眠后效的作用，增强说英语的自信心。

6.2.2 运用催眠术提高英语口语能力的方法

从操作主体上看，运用催眠术提高英语口语能力的方法有两种，即他人催眠法和自我催眠法。但无论是他人催眠法，还是自我催眠法，都必须重视英语基本口语句型、不同说话场景应对基础、说话习惯、说英语的自信心等的培养。

（一）他人催眠英语口语能力训练法

他人催眠英语口语能力训练法对施术者的要求比较高，它不仅要求施术者懂得催眠术，而且要精通英语口语的教授方法。此外，要想获得较好的英语口语能力，还必须得到受术者的密切配合。他人催眠英语口语能力训练法的重点是要诱导受术者产生语境幻觉，利用催眠后效的作用养成用英语说话的习惯，增强说英语的自信心。这里以诱导英语口语使用场合、养成说英语习惯和增强说英语自信心为例，择要介绍催眠英语口语能力训练的基本方法。操作程序如下。

1. 用英语说话自信心的培养

（1）准备：

在施术之前，要预备一张催眠诱导图（见图5－2）和需要受术者说的英语句型材料（包括录音材料和印刷材料）；检验受术者的催眠易感性。

注意，在准备阶段，施术者务必指导受术者熟悉拟说的英语材料。在这里，需要受术者弄清常用英语词汇的读音、基本含义。

（2）按照催眠的诱导、深化程序将受术者催眠至深度催眠状态（参见3.2）。

（3）待受术者进入深度催眠状态后，给予以下暗示：

"现在，我们一起来练习用英语说话，你先仔细听我说，然后重复我说的话。"

（4）施术者接着用英语说："Liston to me first，then repeat the sentence I am to say..."

受术者重复："I can speak English fluently."

（5）施术者暗示说："Very good！你说得非常好。Now go on..."

受术者重复："I can express my idea in English."

(6) 施术者暗示说："Yes, you can! 你很行，你完全能够轻松地用英语说话……"

受术者重复："It's very easy for me to talk with you in English."

(7) 施术者继续给予暗示说："你说得非常好，很轻松就用英语说话了。你刚才用英语说话的时候，觉得很轻松吧？"

受术者可能回答："是的，我感到很轻松……"

(8) 施术者继续给予暗示说："你很会说英语。以后无论遇到谁跟你用英语说话，你都能轻松用英语与他说。很轻松，一点也不紧张。Now go on，现在你用英语回答我的问题。先仔细听我问你的问题，然后回答，很轻松就能回答，一点也不紧张。请听我问你的问题：Can you speak English fluently?"

受术者可能回答："Yes, I can speak English fluently."

(9) 施术者继续给予暗示说："Very good! You can speak fluent English. 很好，你说得很流利。你用英语说话时感到很轻松，全身都轻松。你以后用英语说话都是这样轻松，一点也不会紧张。你这样说英语，越说越好，越说越轻松……"

(10) 接着，施术者继续给予暗示说："你以后用英语说话，会越说越轻松，越说越好。你记住了吗？"

受术者可能回答："我记住了，我会越说越好，越说越轻松……"

(11) 此时可按照催眠觉醒方法的操作程序，让受术者觉醒过来（请参见第3章）。

2. 用英语说话习惯的培养

(1) 准备：

在施术之前，要预备一张催眠诱导图（见图5-2）和需要受术者说的英语句型材料（包括录音材料和印刷材料）；检验受术者的催眠易感性。

注意，在准备阶段，施术者务必指导受术者熟悉拟说的英语材料。在这里，需要受术者弄清常用英语词汇的读音、基本含义。

（2）按照催眠的诱导、深化程序将受术者催眠至深度催眠状态（参见3.2）。

（3）待受术者进入深度催眠状态后，给予以下暗示：

“当遇到用英语说话的人时，你也应该用英语跟人家说话。这样做，一方面体现你尊重对方，另一方面会让你说英语的能力得到提高。另外，你用英语与人交谈之后，你会感到，非常放松，全身舒服。现在，我来告诉你，在哪些场合该用英语说话……”

（4）接着，施术者提出受术者应该用英语说话的场合。

①“当你遇到用英语跟你打招呼的人时，你应该用英语回话。”

例如，听到对方说：Hello；Hi；Good morning（afternoom，evening）；How are you（How do you do）；How are you getting along ... 你应该用英语回话

②“当对方用英语说有求于你的话时，你应该用英语回话。”

例如，听到对方说：Excuse me；What can I do for you；Can I help you；May I ... 你应该用英语跟对方谈话

③“当对方用英语跟你说出邀约时，你应该用英语回话。”

例如，听到对方说：Let's；Come on；Go；Be；Please；Can（Could）you；Follow me；Shall we……你应该用英语回话

④“当对方用英语向你打听情况时，你应该用英语回话。”

例如，听到对方说：What；Where；When；Why；How；Which；Who；Do you；Did you；Were you；Are you；Have you ；Are there；Is there……你应该用英语跟对方谈话

⑤“当对方用英语表达某种思想时，你应该用英语给予回应。”

例如，对方用英语说：The weather；The football match；The man；The doctor……你应该用英语跟对方谈话

（5）接着，施术者给予暗示：

“用英语与人谈话之后，你会感到全身放松，非常舒服，非常舒服……”

（6）接着，施术者给予强化暗示：

“你已经记住了吧。现在我再告诉你一遍，应该用英语与对方交谈的场合……你一定会记住，用英语与对方交谈的场合。你用英语交谈后，会变得非常舒服，非常轻松。”

（7）至此，施术者可按照催眠觉醒法的操作程序，引导受术者从催眠状态中觉醒（参见第3章）。

3. 用英语谈话场景想象训练法

（1）准备：

本法的目的在于引导受术者掌握适用于不同场景下的基本句型和常用语。在施术之前，要预备一张催眠诱导图（见图5-2）和需要受术者说的英语句型材料（这里以到国外机场入境口岸对话材料

为例，包括录音材料和印刷材料）；检验受术者的催眠易感性。

注意，在准备阶段，施术者务必指导受术者熟悉拟说的英语材料。在这里，需要受术者弄清常用英语词汇的读音、基本含义。

（2）按照催眠的诱导、深化程序将受术者催眠至深度催眠状态（参见3.2）。

（3）待受术者进入深度催眠状态后，给予以下暗示：

“现在你已经来到美国机场入境口岸，服务员都是讲英语的。当服务员问你问题时，你先仔细听，记住对方问的那句话，然后你用英语回答对方的提问。你不用担心答不上，旁边有个女士会帮你，你只要仔细听她怎么回答，记住她的话，然后复述出来，说给提问的服务员听就可以了。记住，你一定要记住提问者和告诉你怎么回答的那个人所说的每一句话。开始……”

（4）施术者开始播放录音材料（汉字部分可由施术者视受术者的水平而给予提示或不提示）：

May I see your passport, please? 麻烦请出示你的护照。

Here is my passport / Here it is. 这是我的护照。

What's the purpose of your visit? 你旅行的目的是什么？

Sightseeing (Businese). 观光（公务）。

How long will you be staying in the United States? 预计在美国停留多久？

I plan to stay for about 10 days. 预计停留约10天。

I'm just passing through. 我只是过境而已。

I am leaving for Geneva tonight. 今晚即动身前往日内瓦。

Where are you staying? 将在哪儿住宿？

I will stay at Boston Hotel. 我将住在波士顿饭店。

Do you have a return ticket to Taiwan? 是否有台湾回程机票?

Yes, here it is. 有的，这就是回程机票。

How much money do you have with you? 随身携带多少现金?

I have 800 dollars. 大约800美元。

Good. Have a nice day. 祝你玩得愉快。

Thank you. 谢谢。

Where can I get my baggage? 我在何处可取得行李?

I can't find my baggage. 我找不到我的行李。

Here is my claim tag. 这是我的行李票。

Could you please check it urgently? 是否可麻烦您紧急查询?

How many pieces of baggage have you lost? 你总共遗失了几件行李?

Can you describe your baggage? 你能描述一下你的行李吗?

It is a medium-sized Samsonite, and it's gray. 它是一个中型的灰色绅耐特皮箱。

It is a large leather suitcase with my name tag. It's dark blue. 它是一个上面系有我名字牌的大型皮制蓝黑色行李箱。

It's a small travel bag. It's light brown. 它是一个茶色小旅行袋。

Please wait for a moment while we are investigating. 我们正在调查，请稍等一下。

We may have lost some baggage so we'd like to make a lost baggage report. 我们可能遗失了几件行李，所以必须填份行李遗失报告。

Would you come with me to the office? 请和我到办公室。

How soon will I find out? 多快可找到?

Please deliver the baggage to my hotel as soon as you've located it. 一旦找到行李，请立即送到我停留的饭店。

How can we help you if we can't find your baggage today? 若是今天无法找到行李，我们该如何帮助你？

I'd like to purchase what I need for the night. 我想要购买过夜所需的用品。

Ok, We'll do it as you say. 行，我们会做好让你满意。

注意，施术者应根据受术者的接受能力，决定播放多长的材料。

(5) 播放至够量后，施术者应暗示受术者要记住所听到的会话材料。

(6) 接着，由施术者与受术者互相扮演角色重新对话一次或多次。

(7) 完成扮演练习后，暗示受术者记住会话材料，说：

"刚才的那些会话内容你都要记住，以后随时需要随时能说出来，永远不会忘记……"

(8) 至此，施术者可按照催眠觉醒法的操作程序，引导受术者从催眠状态中觉醒（参见第3章）。

（二）自我催眠英语口语训练法

自我催眠口语训练法要求当事人明确英语口语材料的内容，以便使催眠训练有针对性。这里利用催眠想象法帮助受术者掌握适合不同场合的英语会话材料。操作程序如下。

(1) 准备：

在自我催眠之前，要预备一张催眠诱导图（见图5－2）和自我催眠有声材料。自我催眠有声材料可向有关机构购买或自己制作。

(2) 接着，按照自我催眠的自律训练法中的要求，暗示自己进入催眠状态（参见第4章）。

(3) 若觉得自己已经感到"额头凉凉的"，则将录有英语会话的材料开始播放。

（4）这时，随着播放的推进，边听边想象着来到一家公司的招聘面试现场。在这里要用英语进行对话，轮到你了。想象自己正主动跟男考官打招呼，开始你的面试。男考官在考你，旁边有位女士在帮助你，告诉你该说什么话。你暗示自己一定要先仔细听清男考官问的话，接着听女士告诉你该说什么话，记住并复述出来。

[A = Applicant; I = Interviewer]

A: May I come in? 我可以进来吗?

I: come in please. Take a seat. 请进，坐下吧。

A: Excuse me. May I see Mr. Smith? 对不起，我可以见史密斯先生吗?

I: It's me. What can I do for you? 我就是，需要我帮忙吗?

A : I have come here for an interview by appointment. Nice to meet you. 我是应约来面试的，非常高兴见到你。

I: Nice to meet you, too. 我也很高兴见到你。

I: Did you have any difficulty in finding our company? 找我们公司困难吗?

A: Not really, I am familiar with this area. 没有，我对这一带很熟悉。

I: How do you think of the weather today? 你觉得今天的天气如何?

A: I don't like the weather like this. Cold and rainy. Hope it become sunny as soon as possible. 我不喜欢这样的天气，寒冷还下着雨，真希望早点出太阳。

I: Your English is fluent. 你的英语很流利。

A：Thank you. 谢谢夸奖。

I：What can you tell me about yourself？关于你自己，你能告诉我些什么？

A：My name is Songmao. I graduated from Peking University in 1995. I have majored in marketing. In high school I was involved in competitive sports and I always tried to improve in each sport I participated in. As a college student, I worked in a clothing store part-time and found that I could sell things easily. The sale was important, but for me, it was even more important to make sure that the customer was satisfied. It was not long before customers came back to the store and specifically asked for me to help them. I'm very competitive and it means a lot to me to be the best. 我叫宋茂，1995年毕业于北京大学，我主修的专业是市场营销。在高中我参加各种竞争性体育活动，并一直努力提高各项运动的成绩。大学期间，我曾在一家服装店打工，我发现我能轻而易举地将东西推销出去。销售固然重要，但对我来说，更重要的是要确信顾客能够满意。不久便有顾客返回那家服装店点名让我为他们服务。我很有竞争意识，力求完美对我很重要。

I：Would you tell me something about your family? 能说说你的家庭情况吗？

A：There are three in my family, my parents and myself. My father is a teacher and my mother is a worker. 我们家三口人，我父母和我。我父亲是一位教师，我母亲是一名工人。

I：Ok, I know you are not a resident of Guangzhou. Where is your domicile place then? 我想你不是广州本地人，祖籍是哪里的？

A：Changsha。长沙。

I：I see. Our advertisement says English competence is a key requirement of this position. Then how do you think of your proficiency in written and spoken English? How do you think of your English? 我知道了。我们的招聘广告要求这个职位的应聘者应当具有相当好的英语水平，那么，你认为你的书面英语和口语能力如何呢？

A: I have learned English for 10 years, and I have passed College English Test Band 4 and 6. My spoken English is fairly good enough to express myself fluently. 我已经学英语10年了，而且我通过了大学英语四级和六级考试。我能用英语口语把自己的想法流利地表达出来。

I: What other foreign language do you speak? 你还能说什么其他外语吗？

A: I did self-study of Japanese in college, and I can carry on some simple conversations in Japanese. 我在大学时自学过日语，我能用日语进行一些简单的对话。

I: Have you obtained any certificate of technical qualifications or license? 你获得过技术资格证书或者执照吗？

A: Yes, I have received an Engineer's Qualification Certificate and a driver's license. 是，我有工程师资格证书和驾照。

I: How many years have you had the driver's license? 你获得驾照多长时间了？

A: I have two years driving experience. 我已经有两年的驾龄了。

I: That's good. What special skills do you have, can you tell me? 好，那你能告诉我你有什么特殊技能吗？

A: I have experience in computer operation, proficiency in Microsoft Windows, Microsoft Word and Microsoft Excel. 我有电脑操作经验，熟悉微软 Windows、Word 和 Excel。

I: What computer languages have you learned? 你学过哪种计算机

语言?

A: Delphi. Delphi.

I: Have you gotten any special training in programming? 你在编程方面受到过特殊培训吗?

A: No, but I have database programming experience and network knowledge. 没有,但是我有数据库编程经验并具有网络知识。

I: How do you know about this company? 你是怎么知道我们公司的?

A: Your company is very reputed in this city, I heard much praise for your company. 贵公司在这个城市名声很好,我听了很多对贵公司的好评。

I: Why are you interested in working for our company? 为什么有兴趣在我们公司工作?

A: Because your operations are global, so I feel I can gain the most from working in this kind of environment. 因为你们公司的运作是全球化的,我觉得可以在这样一个环境中工作会有最大的收获。

I: What are your great strengths? 你有什么优点?

A: I'm a good team player, and I can work under pressure and get along with my colleagues. 我是一个富有团队精神的人。我能在压力下工作,并能与同事和睦相处。

I: What is your greatest strength? 你最突出的优点是什么?

A: I feel that my strongest asset is my ability to stick to things to get them done. I feel a real sense of accomplishment when I finish a job and it turns out just as I'd planned. I've set some high goals for myself. For example, I want to graduate with highest distinction. And even though I had a slow start in my freshman year, I made up for it by doing an honor's thesis. 我认为我最大的优点是能够执著地尽力把事情办好。当做完一件工作而其结果又正合我的预想时，我会有一种真正的成就感。我给自己定了一些高目标。比如说，我要成为出色的毕业生。尽管在大学一年级时我启动慢了些，但最终我以优秀论文完成了学业。

I：What is your greatest weakness? 你最大的弱点是什么？

A：I'm such a perfectionist that I won't stop until a job is well done. 我是一个完美主义者。工作做得不好，我是不会放弃的。

I：In what specific ways will our company benefit from hiring you? 我公司雇用你有什么好处？

A：I think that my technical background is helpful for you. 我觉得我的技术背景对你们有用。

I：I know in your resume that you have worked in your present company for 3 years, can you tell me why you want to leave your present job and join us? 从你的简历中，我知道你已经在现在这个公司工作3年了，能告诉我为什么你想辞去现在这个工作而来我们公司吗？

A：Because the job I am doing in my present company is of no challenge, but I like challenge. Your firm is a young organisation with many innovative ideas. It has been very successful in an expanding market since its establishment 10 years ago. Working for you would be exactly the sort of challenge I am looking for. 我离开这个公司是因为现在这个工作没有挑战性，但我喜欢挑战。贵公司是一家具有创新精神的年轻公司，自创建10年以来，在市场拓展方面取得了巨大的成功。能为你们工作，正是我所追求的那种挑战。

I：Why do you think you are qualified for this position? 为什么你认为自己能胜任我们公司这个职位？

A：I have excellent communication skills and I am familiar with the procedures for the last company I worked for. Besides，I am a team player and have great interpersonal skills. 我的人际交往能力很强。在我工作的上个公司，我熟练掌握了工作流程，而且我具有团队精神和出色的人际关系技能。

I：What are your salary expectations? 你对薪水有什么要求？

A：Shall we discuss my responsibilities with your company first? I think salary is closely related to the responsibilities of the job. 我们能不能先谈一谈我在贵公司需要承担的责任？我觉得工资应该是与工作的责任紧密相关的。

I：If you are hired，when will it be convenient for you to begin to work? 如果你被录用，什么时候方便来本公司上班呢？

A：If you like，tomorrow is ok. 如果你愿意，明天就可以。

（5）当你觉得已经能流利说出上述英语句子之后，你就可以从催眠状态觉醒过来了。

（6）按照催眠觉醒方法的操作程序，让自己觉醒过来（请参见4.2）。

6.3 运用催眠术提高英语听力的原理与方法

6.3.1 运用催眠术提高英语听力的原理

1. 英语听力的本质

英语听力，即听懂并理解他人用英语说出来的话语的能力。它具有时效性、共振性和推理性的特征。所谓时效性，指的是单位时间内大脑神经系统对英语语言信息进行加工理解的效率。这是由听力理解过程中时间的紧迫性和判断的及时性所决定的。影响英语听力理解时效性的因素有两种：①知识性障碍：听者掌握的英语词汇、语法等语言知识，对语词、语句和语段在语音上的感知熟练程度，连贯记忆力的强弱，对所学语言的文化背景知识的了解等。知识性障碍是影响学生听力时效性的最基本因素。没有广泛的英语语言知识，特别是缺少对词、句在语音上的感知，听力理解可以说几乎不可能。语音感知倘若不够熟练，思维的速度难以跟上语音的速度，也势必干扰听力理解的时效性。②非知识性障碍：物理环境、理解技能、心理情感因素等，会产生思维的噪声进而干扰听力理解的时效性。

共振性，又称瞬时感应性，它是经验惯性的一种表现形式，遵循“对应性原理（对号入座的原理）”。当大脑中储存的知识模块（即暂时神经联系）被输入的信息激活时可产生共振效应。一般而言，大脑中储存的知识越多，语音感知的操练越熟练，听力理解时的瞬时感应效率就越高。“共振性”所涉及的是百科知识和语音感知记忆中的“编码—解码”程序。记忆要经过编码—储存—检索这个过程，听力理解中语音信息的输入通过检索共振出经过编码的经验知识，即所谓解码，而新的知识又以记忆的形式重新编码储入。

英语听力理解共振性的形成表现为三个阶段：①英语语音感知简单再认阶段。这一阶段重在对英语语音的表义特征进行感知，在记忆结构中建立音义的统一体——编码与储存。其对应性所表现的是一系列刺激的反应（S—R 模式）的结合，刺激的反应模式或称“编码—解码”模式是一个复现模式。②语音认知复杂再认阶段。在语音感知逐渐熟练以后，大脑中形成了带有经验惯性的各种语义表象的“图式”。这种“图式”在经验惯性的作用下可以对信息做出快速的反应（甚至还能够填补部分语音缺失时的信息空缺），为大脑理解中枢对信息进行深层次的预测、推理和修正奠定基础。③自动化阶段。在顺利通过语音感知期和语音认知期后，显性的语言知识转化为隐性的语言知识，运用思维对信息进行自动化加工就会水到渠成。

推测性是英语听力理解的基本特征和重要步骤。正如耿爱庆（1998）指出的“一切理解的行为无一不是来自推理的过程”，是一种“假设验证”的主动思维过程，其中包括对信息进行必要的预测、推断和动态修正几个环节。推测所反映的是内在的、实质性的，它采取“从已知推未知”的手段。由于人脑是一个有限度的信息处理系统，因此推测往往遵循“关联性原理”。一般而言，要有效地进行信息处理，就必须识别出显性行为背后的意图，如果识别不了这一意图，就发现不了相关的信息。同时，选择关联信息是推测的重要策略。在动态的语言信息交流中，孤立的语言片段的含义是不存在的。语音信息中的语义是通过分析各语言成分的前后逻辑联系、说话人心理情感的折射以及与话语相关的社会文化背景和交际场景的衬托等多种因素而最终形成的。

2. 英语听力理解的过程及形成的条件

英语听力理解的过程是人们利用听觉器官对英语信号进行接收、解码的过程。所谓接收、解码的过程，就是对听觉器官收到的英语言语信号进行分析、辨别、归类，同时和已经储存在大脑中的英语言语信号进行联系，从而在语音、语法、语义三个层面上进行新的感知，理解英语言语信号所表示的意义，并把新感知的英语言语信号存入记忆库变为经验成分，以便感知更新的英语言语信号。

根据认知心理学的观点，听力理解过程中的信息加工活动有两种模式：代码模式（code model）和推理模式（inferential model）。这两种理解模式的建立，是通过静态的陈述性知识（词汇、语法及百科知识）和动态的程序性知识（认知技能）的学习得以实现的。

换句话说，听力理解依赖于两个前提，即语言知识和言语技能。

作为母语的语言知识和言语技能，是人们经过长期的语言实践习得（acquisition）的。发展心理学家皮亚杰认为儿童的智能活动不是成人的小型化，而是有着自己独特的活动方式。儿童母语的习得是在母语环境中，通过大量潜移默化的试错性学习，以顺应、同化、平衡的发展机制逐渐建立和发展起来的。在语言知识和言语技能的习得过程中，人们把动作性表象、形象性表象和符号性表象内化于思维结构，形成了母语的思维模式和语音感知的动力定型，由此构成对母语的自动化信息加工、理解与表达。但是，作为外语学习的英语语言知识和言语技能，其形成和发展是在已经形成了汉语的思维模式和语音动力定型的基础上进行的。根据皮亚杰的观点，思维是内化的动作，思维方式一旦形成就具有相当的普遍性、约定性和惯性，外语学习者已经掌握了一门语言，具有学习和使用语言的经验，学习者的这种原有知识，会对外语听力的学习过程产生深远的影响。在外语听力的学习过程中，人们常常利用母语思维模式和已有相关知识的有效迁移建立起理解的通道，并通过语际转换形成外语听力思维模式和语音动力定型。由此可以看出，外语听力的形成必然经过三个阶段：母语思维（外语语音感知代码期）→双语混合思维（外语语音认知推理期）→外语思维（自动化信息加工期）。

这里需要指出的是，这“三个层级”的形成和发展是渐进性和累加性的。从母语（汉语）思维向外语（英语）思维的转化依赖于以下条件：

（1）词汇量。词汇量在英语听力学习中起着至关重要的作用。每一个对话、语段、语篇都是由句子组成的，而句子的基本单位正是词或词组。在听的过程中，我们能模仿出听到的发音，但若没有掌握一定的词汇量，便无法把与其所代表的符号——词联系起来，也就无法得知符号所代表的事物——意义。因此，从理论上说，词汇量的大小在一个侧面决定了听力理解的程度。

（2）语音辨别能力。辨别语音是听力理解的基础。在听力理解过程中，听者运用听觉感知知识，对语言材料（音素、音素群、词和句）进行解码和做出种种推断。换言之，在辨音的基础上，运用认知效应对该语言材料作各种解释、判断而达到理解。

（3）背景知识和思维能力。听者为了理解语篇（句）意义，需依赖认知效应进行理解。这是由于在篇章层次上，意义的产生往往是听者对语义的再创造过程。在这一过程中，语言形式所起的作用往往只是触发听者运用已有的背景知识对语言材料进行意义上的构建，其中包括语用文化方面知识预先判断，推测说话者的意图。显然，听者的认知过程和认识效应以及掌握的背景知识对听力理解是非常重要的。

（4）短时记忆能力。在听的过程中，人脑与其所获得的言语信号之间形成某种瞬时或短时的联系，而人们的思维正是凭借这种联系去分析、辨认语言信号的，同时运用已有的语言知识和背景知识采取一系列认知策略，然后把信号以文字的形式反映出来，达到理解。但问题是瞬时记忆和短时记忆所保持的时间很短，在听力范围内，瞬时记忆保持时间仅为0.25～2秒，而短时记忆所保持的时间最多也不超过1分钟，这样就给听力理解带来一定的局限性，大大增加了听力理解的难度。此外，短时记忆的音量是±7，因而为了防止遗忘，使交际活动能顺利延续，就要及时、快速处理语音和做出反应。

（5）外语语音感知习惯。养成外语语音感知习惯，是克服母语思维的重要途径。外语学习者对一种新的语言的语音和音位的敏感如果能以自动化的方式进行，就能把注意力集中到语义的组织上，从而直接进行外语思维。

(6) 听力技巧与心理策略。听力的本意应该是使学习者获得直接听取信息的能力，即交际意义上的能力。而有效的听力技巧和心理策略，可以帮助学习者有选择性地集中注意力，根据上下文推断意义和运用背景性知识辅助理解，从而正确理解说话者的意图。

3. 运用催眠术提高英语听力的原理

运用催眠术提高英语听力，主要通过两方面的机制来实现：①借助催眠暗示的作用来激活人的潜意识，并通过潜意识对心智活动进行控制和管理，挖掘大脑右半球、古皮质层及其以下神经系统的语言运用潜能；②通过催眠后效的作用，培养英语的语感与听的习惯。

6.3.2 运用催眠术提高英语听力的方法

从操作主体上看，运用催眠术提高英语听力的方法有两种，即他人催眠法和自我催眠法。但无论是他人催眠法，还是自我催眠法，都必须重视英语语音辨听、语音感知习惯、说话意图想象等的培养。

1. 他人催眠英语听力训练法

他人催眠英语听力训练法对施术者的要求比较高，它不仅要求施术者懂得催眠术，而且要精通英语听力的教授方法。此外，要想获得较好的英语听力，还必须得到受术者的密切配合。他人催眠英语听力训练法的重点是要诱导受术者产生英语语音辨别敏感性记忆，利用催眠后效的作用养成听英语的习惯。这里以诱导听英语语音辨别敏感性记忆为例，择要介绍催眠英语听力训练的基本方法。操作程序如下。

(1) 准备：

在施术之前，要预备一张催眠诱导图（见图 5－2）和需要受术者说的英语句型材料（包括录音材料和印刷材料）；检验受术者的催眠易感性。

注意：在准备阶段，施术者务必指导受术者熟悉拟听的英语材料。在这里，需要受术者弄清常用英语词汇的读音、基本含义。

（2）按照催眠的诱导、深化程序将受术者催眠至深度催眠状态（参见3.2）。

（3）待受术者进入深度催眠状态后，给予以下暗示：

“现在，我来告诉你英语语音的一些重要规律。你先仔细听（播放录音或施术者说出），然后记住这些发音和所代表的含义。记住这些发音后，你听英语就会感到很舒服、很舒服……”

（4）施术者开始播放（必要时施术者做出一定的说明）：

①延续音和旁流音的辨别：

Allophonic variations of [r]:

Devoiced as in voiceless clusters: treat

The one-tap flap [r]: very

The retroflexed [r]: right

The back [r], before or after [r]: crate, grey

[r] 是一个延续音，发音时舌尖向上齿龈后部卷起，舌前部下陷略成凹形，舌身两侧向上弯曲，双唇略突出成圆形，气流由舌尖和齿龈后部间的缝隙泄出成音。[r] 的音位变体：位于词首的 [r]，如 right；在清辅音群中清音化，如 treat；闪音 [r]，如 very；在 [k] 等后的 [r] 舌位稍后移，如 crate、grey。

Allophonic variations of [l]:

Syllabic: bottle

“Clear-l”(made with the tongue in the classical fronted

position): lease

"Dark-l" (the tongue tip and blade in the post alveolar position): call

Devoiced in consonant clusters with voiceless stops: play

The post-palatal, or velar [l]: milk

[l] 在英语语音中很特殊，发音时舌尖抵上齿龈，气流从一侧或两侧逸出。注意："清晰"[l] 位于词首元音前，"模糊"[l] 位于词尾元音后。"清晰"[l] 在发音时舌前部向着硬腭略抬起，而"模糊"[l] 在发音时则是舌前部稍压低，舌后部却朝软腭稍微抬高。

"清晰"[l] 与汉语的 (L) 基本相同，需要重点练习的是"模糊"[l]: call、full、tall、fill。注意它与 [r] 与 [n] 的区别，如 light、night、right。

②连读:

How to link words in English speech?

——To blend or join the final consonant of one word with the initial word of the following word, as in "post office".

——To link the final vowels [ɜː] to a following vowel by adding the [r] sound, which is called linking-r, as in "her own", or intrusive-r, as in "the idea of".

——To make smooth transitions when words are separated by more than two consonants, i. e. treat them as consonant sequences, as in "next topic".

——To make smooth transitions when the preceding word ends with a vowel and the following word begins also with a vowel sound by adding a slight [j] or [w], as in "my arm".

——To change the pronunciation of some final and initial consonants, as in "Did you..." .

连读时就是把位于前面的单词的最后一个音与下一个单词的第一个音自然地混为一体，使你的话语听起来流利自然。当一个词以辅音结尾，后面一个词以元音开头时，将前一个单词结尾的辅音与下一个单词开头的元音连在一起读，如 *post ‿office*。

——当单词以元音结尾且后面单词以元音开头时，中间加一[r] 音，这叫做 r 音连读，如 *her ‿own*（称 r 音连读），*the idea ‿of*（称外加音 r 的连读）。

——当两个词之间存在两个或两个以上辅音时，连接这两个词的办法就是将其作为辅音组合处理，如 *next ‿topic*。

——当前一个单词以元音结尾而紧接着的单词又以元音开头时，两个元音应尽量连起来读，必要时两个单词中间可以加个轻柔的 [j] 或 [w] 作为转折，如 *my ‿arm*。

——有时一个音由于受邻接的音的影响而发生读音变化，这称为"同化"的语音现象，如 *Did ‿you*…

③英语语调的功能：

The grammatical function:

Some sentence may be ambiguous when written, but this can be removed by the use of intonation. An often cited example is the sentence "*Those who sold quickly made a profit*". This sentence can be said in at least two different ways:

a. / Those who sold ↘ ↗ quickly / made a ↘ profit.

b. / Those who ↘ ↗ sold / quickly made a ↘ profit.

English speakers hear two different paraphrases of the sentences because of the different placement of the tone-unit boundary, as in:

a. A profit was made by those who sold quickly.

b. A profit was quickly made by those who sold.

Those who sold quickly made a profit.

这个句子根据调核位置的不同，可能有两个不同的意思。假定这句话含两个调核：前者为降升调，后者为降调。

如果降升调的调核位置在单词 sold 前面：

Those who ↘ ↗ sold quickly made a ↘ profit.

意思是：只要出售了便能迅速取得利润。

若降升调调核的位置落在单词 sold 后面：

Those who sold ↘ ↗quickly made a ↘profit.

意思则为：销售得快才能获取利润。

The sentence "They're going to have a picnic" is usually said as a statement like this:

a. They 're going to have a ↘ picnic.

In informal speech, however, we may hear:

b. They're going to have a ↗picnic? (But, it's raining outside.)

The sentence serves as a question here.

The intonation used in question-tags can have a rising tone or a falling tone:

a. They're coming to ↘ morrow, ↗ aren't they?

b. They're coming to ↘ morrow, ↘ aren't they?

语调的语法功能还表现在可以将一个陈述句变成疑问句，例如：

They 're going to have a ↘ picnic.

如果用升调说出来，句子就成了问句：

They're going to have a ↗ picnic?

用升调说出这一句子时，含义可能有两个：一是作为普通的一般疑问句；二是作为重复问句，用于以下场合：

—— They 're going to have a ↘ picnic.

—— They're going to have a ↗ picnic? But, it's raining outside.

另外，我们知道反意疑问句既可用降调亦可用升调，只是含义有所不同：

c. They're coming to ↘ morrow, ↘ aren't they?（说话人的把握较大，通常用于需要证实的时候）

They're coming to ↘ morrow, ↗aren't they?（说话人把握不大，通常用于需要了解情况的时候）

The discourse function of intonation

The ↘ telephone's ringing.

The ↘ kettle's boiling.

语段功能最常见的作用是使用语调引起听者对重要信息的注意力。信息含量越高的单词，获得调核的可能性就越高。例如：

a. I've got to take the ↘ dog for a walk.

b. I've got to take the dog to the ↘ vet.

a. 句中的调核在 dog，而 b. 句的调核位于 vet，在这里，调核的选择不是依据"强调"，而是根据信息含量。vet 一词的信息量明显高于 walk。

注意，施术者应根据受术者的接受能力，决定播放多长的材料。

（5）播放至够量后，施术者应暗示受术者要记住所听的英语语音规律。

(6) 接着，由施术者检查受术者对上述语音的判断。

(7) 完成检查后，暗示受术者记住例子中的材料，说：

“刚才的那些例子你都要记住，记住后，不会忘记……”

(8) 至此，施术者可按照催眠觉醒法的操作程序，引导受术者从催眠状态中觉醒（参见第3章）。

2. 自我催眠英语听力训练法

自我催眠英语听力训练法要求当事人明确英语听力材料的内容，以便使催眠训练有针对性。这里利用催眠后效法帮助受术者掌握听力理解中的一些固定搭配语音模式。操作程序如下。

(1) 准备：

在自我催眠之前，要预备一张催眠诱导图（见图5-2）和自我催眠有声材料。自我催眠有声材料可向有关机构购买或自己制作。

(2) 接着，按照自我催眠的自律训练法中的要求，暗示自己进入催眠状态（参见第4章）。

(3) 若觉得自己已经感到“额头凉凉的”，则将录有英语会话的材料开始播放。

A: I've just seen the X-rays and your teeth look just fine.

B: I see. Then there is nothing to worry about after all. (after all 到底)

A: She's a good dancer.

B: and how. (and how 的确)

A: I'm amazed that you are still driving that old car of yours. I thought you would have gotten rid of it years ago.

B: It runs well and I've actually been quite attached to it. (be attached to 对……有感情)

A: Do you have any idea what his notice is about?

B: I'm as in the dark as you are. (be in the dark 蒙在鼓里)

A: I hear you're taking an advanced physics course this semester.

B: I think I've bitten off more than I can chew. (bite off more than one can chew 贪多嚼不烂)

A: I'm really glad our club decides to raise money for the children's hospital, and most of the people we've phoned seemed happy to contribute.

B: Yeah, I agree. Now we've gone through all the numbers on our list now, so I guess we can call it a day. (call it a day 就此结束)

A: You've already furnished your apartment?

B: I've found some used furniture that was dirt cheap. (dirt cheap 非常便宜)

A: Were you able to understand that French novel without any help from the teacher?

B: I did pretty well, but I had to fall back on my dictionary occasionally. (fall back on 依赖)

A: Maybe you lost your wallet in this room.

B: I've searched it from top to bottom. (from top to bottom 从上到下)

A: Did you know that Bob is leaving for home tonight? He isn't planning to take his final exams.

B: He can't get away with that. (get away with 对……摆脱惩罚)

A: It looks like we won't have enough time to do all we wanted to.

B: Who says we won't? let's get going. (get going 赶紧行动; 同

义：get moving）

A：Why did you come to the meeting late? I left a message with your roommate about the time change.

B：She has a very short memory and it really gets on my nerve sometimes.（get on one's nerve 招惹某人神经了）

A：Did you hear about Jim?

B：I wouldn't give that rumor any credibility.（give credibility to 相信）

A：Have you noticed how John's changed since he became student government president?

B：I think the whole thing has gone to his head，and he used to be so sociable and open.（go to one's head 某人自负）

A：Got the time?（got the time 几点了）

B：It's a little after ten.

A：What a gorgeous jacket. It must have cost a fortune.

B：Not at all. It's a hand-me-down.（hand-me-down 送的东西）

A：I wish I hadn't hurt Mary's feelings like that. You know I never meant to.

B：The great thing about Mary is that she doesn't hold the grudge.（hold the grudge 记仇）

A：Are you going to be using the copying machine long?

B：I'll be through in next to no time.（in next to no time 马上）

A：Are you sure you can't remember the name of that record?

B：It's just on the tip of my tongue!（on the tip of one's tongue 就在舌尖）

A：How did Ellen do on her American History exam?

B：She passed with flying colors. （with flying colors 成功）

A：Will Prof. Smith come to class on time?

B：You can bet your life. （You can bet your life 当然）

注意，上述材料可反复播放，直到能清楚知道各固定搭配的发音并可在大脑中再现为止。

（4）当你觉得已经能清楚再现各固定搭配的发音之后，你就可以从催眠状态觉醒过来了。

（5）按照催眠觉醒方法的操作程序，让自己觉醒过来（参见4.2）。

思考与练习

1. 你认为运用催眠术提高英语学习效率的原理是什么？

2. 请参照本章所提供的操作程序与方法，尝试记忆研究生学位英语考试大纲所规定的词汇。

第 7 章 运用催眠术防治身心疾病的原理与方法

本章要点

1. 初步探索运用催眠术调节心理压力的原理与方法。
2. 初步探索运用催眠术治疗抑郁症的原理与方法。
3. 初步探索运用催眠术治疗神经衰弱的原理与方法。

7.1 运用催眠术调节心理压力的原理与方法

7.1.1 运用催眠术调节心理压力的原理

1. 心理压力概述

“压力”是当今人们最常使用的词汇之一，在大多数情况下这一词汇所指的就是“心理压力”。那么，心理学是如何界定心理压力的呢？心理学家麦克格拉斯（McGrath，1967）认为，心理压力是个体对即将来临的环境刺激属性，经过其主观的认知加工过程而产生威胁的感受及生理的应激现象。换句话说，心理压力是一种心理预期，它对动态平衡构成的挑战是时隐时现的，并可能引发一系列的内分泌与神经系统的反应性调整。心理压力是生活中的一部分，适度的心理压力对生活和工作具有正面的影响，例如，如果有足够的压力会迫使你在最有效率的状况下工作，可以令人获得满足和成就感，并且因事业成功而得到回报。但是，心理压力毕竟会对神经生理和心理产生影响，当个体面对心理压力时，如持续地处于焦虑状态，其压力反应的活化作用会逐渐加深，并提高患病的危险性，或者恶化诸如高血压、动脉硬化症、糖尿病、生殖缺陷、情感紊乱等已有疾病。

心理学家瑟尔耶（Selye，1956）认为，个体所产生的心理压力反应分为三个阶段，即警觉阶段（stage of alarm）、阻抗阶段（stage of resistance）和枯竭阶段（stage of exhaustion）。

警觉阶段又细分为振动阶段（shock phase）和逆向振动阶段（countershock phase）。在警觉阶段，引起压力的外界刺激因素（stressor）使人体内产生一系列生理和化学反应。如，脑垂体素和肾上腺素分泌增多、呼吸加速、心跳加快、血压升高、敏感性增强等。如果这种因素持续起作用，则进入第二阶段，即阻抗阶段。这时，人体会动员相应的器官或系统去应付这些因素。这种应付会对人体产生破坏作用，如免疫力下降，最终将导致人体病变。最后，当这些引起压力的因素长期不断地持续下去时，人体会进入枯竭阶段。这时，第二阶段出现的某些器官或系统的适应机制所产生的能量已消耗殆尽。在这种情况下，会出现两种结果：一种是返回到警觉阶段，再动员其他系统或器官去应付造成压力的因素；另一种则是导致个体的死亡。

因心理压力过大而产生的临床症状通常表现在以下几个方面：

（1）生理方面：包括血压增高、盗汗、心跳加快、怕冷怕热、呼吸困难、肌肉紧张、肠胃不适等。医学研究最近发现压力和癌症可能也有关系，有愈来愈多的证据显示压力和很多疾病有关。

（2）情绪方面：包括生气、焦虑、沮丧、自尊心丧失、不能集中精神制定决策、紧张、脾气暴躁、拒绝服从上司和对工作不满等。

（3）行为方面：包括绩效降低、缺席、意外事件发生率及离职率的上升、容易产生冲动的行为、沟通困难等。

2. 心理压力的来源

心理压力是个体对自己内心需要与外部环境刺激反应的结果。环境外在的刺激变项可分为下列四类：

（1）心理性：心理性压力的发生，简单来说就是“要与不要”的问题。在每个人的心中都有满足基本需求和达成愿望的想法。如果这些需求的追寻遭受挫折，就会产生心理压力。这就像佛家所说的“怨憎会，爱别离”。

（2）身体性：对躯体产生直接性损害的刺激，如各种疾病、环境的噪音、温度变化等。

（3）社会性：指社会生活中所发生的变化，广义如政治动乱、战争、社会制度的变革等；狭义如亲人死亡、失业与离婚、参加重要考试，以及日常生活中的困扰，如与妻子吵架、交通紊乱、觉得寂寞等。随着现代社会发展的加快，地区人口密集、人类互动频繁、新的工作要求等原因，使得社会性压力成为人们主要的压力来源。

（4）文化性：这是指迁徙、移民或是跨国旅行时，因为生活方式、语言的不同而产生的适应压力。

3. 心理压力最大的14种社会生活事件

西方医学家和心理学家认为，人的一生中总会遇到各种各样的烦心事，其中令人感到心理压力最大的有14件事，根据其影响力的强弱依次为：

（1）配偶的死亡。

（2）离婚。

（3）家庭成员的死亡，尤其是亲生儿女的夭折。

（4）严重受伤，特别是严重的意外事故导致身体不可弥补的创伤，如造成破相、残废等。

（5）结婚，尤其是新婚前后。

(6) 失业和退休。

(7) 怀孕和生孩子。

(8) 职业的改变、变换工作单位。

(9) 被迫抵押或丧失赎取权。

(10) 孩子离家或分居。

(11) 参与重大的比赛和竞赛。

(12) 开始上学或临近毕业。

(13) 搬迁新居。

(14) 度假。

4. 运用催眠术调节心理压力的原理

催眠术作为心理压力的调整技术，主要是利用人在进入催眠状态后大脑活动由潜意识控制的特点，改变心理需求的结构和对外部刺激（社会生活事件）的认知，从而缓解心理压力；同时，利用催眠后效的作用，可调整人的生活、工作方式，帮助当事人积极争取新的社会支持系统，通过调节压力源来调节心理压力。大量实践表明，催眠能提高人的社会适应性和对应激的应变能力。因为催眠能通过言语暗示调节情绪，克服不良个性，改善人际交往，使受应激的个体提高分辨和正确处理问题的能力；同时，通过改变对有害刺激的评价，能使自己适应社会生活，保持心理平衡。例如，在催眠状态下可用肯定、有力的话语帮助患者分析应激的有害作用，鼓励其振作精神，使想象的翅膀飞向舒适愉快的境地，忘掉那些不愉快的遭遇，同时，提出解脱的方法。

7.1.2 运用催眠术调节心理压力的方法

1. 他人催眠缓解心理压力法

从实施主体上看，运用催眠术调节心理压力的方法有他人催眠法和自我催眠法两种。他人催眠法要求施术者事先了解患者的心理压力程度及其压力源，以便使催眠程序及内容的安排更有针对性。这里以缓解工作压力为例，介绍他人催眠的方法。

【案例】有一位燕姓女子，37岁，离异，独自抚养一个7岁女儿，是广州一家民营企业的营销管理人员。连续两年没有达到公司规定的销售额，面临解聘。前来咨询，主诉整天焦虑不安、烦躁、胸闷、心慌；平时怕噪音，怕拥挤；爱发脾气；入睡困难。

操作程序如下：

（1）准备：

在施术之前，要预备一个催眠凝视球，让其产生出悦目的光辉。注意，凝视球不需要很大，小点的较好，最好是一个发光的东西，如小壁灯。如没有专用工具，也可用钢笔尖、戒指等替代。此外，施术者务必穿上干净整洁的衣服，消除自身可能存在的异味和口臭等；同时，可当着受术者的面将自己的手洗干净，并用干净毛巾擦干。

（2）入静：

①受术者姿势采取坐姿，两手自然放在膝上，背部不要靠在椅背上，并以全身舒适为宜。

注意：受术者面对的墙壁最好是没有任何装饰的，施术者的面孔也最好不要让其看到，但施术者与受术者的距离也不能离得太远，否则没有亲近感。

②施术者用左手轻按在受术者肩膀上，助其控制体位。

③用言语引导受术者做深呼吸，暗示其排除杂念妄想，使精神集中。

④施术者用左手轻轻地扶着受术者的头顶后部，以固定其位置。

但务必小心，不要让受术者感到不安或担心头发被弄乱。

⑤施术者右手拿着凝视球置于受术者眼睛的正前方，与受术者眼睛的平衡位置相距约 30 厘米。同时，用言语引导受术者张开双眼，注视凝视球的反射光点，说：

“慢慢地睁开眼睛，目不转睛地盯着看。”

“凝视时，眼皮不要闪动。”

“好，边盯着看，边仔细听我说。”

“请使劲盯着看。”

施术者边说边使其集中注意力，右手逐渐提升凝视球，大约上升 15 厘米左右。

此时，重要的是要固定受术者的头部。因为要朝上看，眼睛会容易疲劳。而头部固定了，让其使劲向上凝视，开始集中注意力，停止眨眼，过一会儿，受术者的眼睛就可能会湿润。这时，只要好好观察受术者的下眼皮就知道了。

⑥受术者眼睛一疲劳就会湿润，就会引起眨眼，如果注意力再高度集中的话，呼吸就会加深。

接着，继续用言语暗示：

“你的眼睛一转不转地盯着看，你的眼皮变重了，开始下垂了”

“一点点地下垂了。”“一直在下垂……”

一边重复这种暗示，一边用右手逐渐地下降凝视球。

注意，下降的方法是与给予暗示“眼皮下垂”相配合。

不久，受术者眼皮就可能要下垂了。看到眼皮像很快要闭上的样子，施术者马上说：

“你的眼睛累了，静静地闭上眼睛吧！”

等受术者闭上眼睛，施术者将左手放在被试者的肩膀上，说：

“放松，尽情地放松，你会感到心情很好。”继续给予受术者放松的暗示；“你的头一直低下去，不要用劲，你会感到很轻松。”

一边给予低头的暗示，一边用左手轻轻地把肩膀向前推，辅助他的头低下。若受术者已经安详自然地低下头，眼睛不再睁开，说明催眠诱导成功。

（3）缓解压力暗示：

①为让受术者放松，施术者先通过言语给予以下暗示：

“现在你就要发现你要放松了……”

“你所要做的就是听我说，你就会放松……”

“听我的声音，非常的放松……”

“我的声音将渐渐地使你愈来愈放松并且安详……”

“你的肌肉将无法做任何事……”

“只要仔细地听我放松的声音……”

“你会感觉到很快乐……”

“愈来愈放松且平静……”

“要比在任何一个美丽的避暑休假区还要好……”

“你将完全的放松并且平静……”

“所有的紧张消失了……”

“你的肌肉放松了，在休息……”
“你的皮肤放松直到像丝绸一样光滑……”
“放松！舒服地休息！”

②接着，给予受术者想象暗示：

“我希望你想象自己正躺在一条小船里，徜徉在一条平静的河中……”
“你正躺在柔软的垫子上……”
“天空是蓝色的，时而飘过片片白云……”
“有人在小心仔细地划着小船……”
“河边能看见稀稀落落的小树丛在绿色的草丛中……”
“或许有几只牛、羊……”
“当顺流漂浮时你感觉到完全的放松……”
“河边偶尔激起一些小小涟漪……”
“你感觉到小船随着风轻轻地摇摆……”
“船前方有几只野鸭子在游来游去……”
“同时你也可以看见在河水的深处有几只懒洋洋的鲟鱼。”

③接着，给予情绪放松暗示：

“船缓缓地滑入悬垂在河边的树荫之下……”
“给予你一种深深的平和的感觉……”
“河流和树木让你感觉到平安而且被关怀……”
“感觉到自然的爱在你内心深处开始滋长……”
“平和滋长着，快乐滋长着……”

“树木也静静地栖息着……”

“你可以感觉到清凉的河水洗去了大脑中所有的紧张、压力……”

“感觉到内心的平静和内心深处的喜悦……”

“每分每秒都能感觉到内心愈来愈好，愈来愈平静，爱、喜悦充满全身……”

④施术者最后通过暗示，给受术者植入以下观念：

“人在生活实践中，总是在良、恶的各种刺激下生活，人不但要能在良性刺激下生活，还要有对付恶性环境的应变能力。作为生活的强者，要有主宰一切困难的本领，而不被任何困难所吓倒。现在困难已摆脱，压力已消除，情绪已好转，已无任何忧虑。你清醒后仍然会保持这种稳定的心理状态，这是一种轻松愉快的情绪状态。”

（4）诱导受术者觉醒：

①施术者将注意力高度集中在受术者身上，慢慢诱导其醒来。暗示说：

“你的意识已逐渐清醒了，已经由深度催眠状态转化为浅度催眠状态了。”

“你的眼皮在眨动，你即将醒来了。”

“醒来之后，你将感到精神抖擞、非常愉快。”

“现在我来帮助你醒来。”

②这时，施术者一边说，一边用两只手的大拇指轻轻地开启受

术者双眼的上眼皮，并暗示说：

"现在你已经醒来了，请张开眼睛看我。"

③施术者此时应仔细观察受术者的反应。若受术者睁开眼睛，表明已经转入清醒状态。若没有睁开眼睛，则需要继续重复以上暗示语言。说：

"再稍等一会儿，你就会心情舒畅地觉醒起来。所以，请你安静地休息一会儿，定一定神，就会完全觉醒起来的，醒来后你会觉得轻松和愉快。"

2. 自我催眠缓解心理压力法

自我催眠缓解心理压力法要求当事人了解心理压力形成与作用的机制，以便使催眠内容有针对性。这里给出一个自我催眠缓解考试压力的例子。

【案例】一位即将本科毕业的学生，参加研究生入学考试失败，工作无着落。临近毕业考试之前，非常紧张。前来咨询，主诉整天心事重重，有时彻夜难眠，食欲不振，脾气变得暴躁，爱吵架。

操作程序如下：

（1）准备：选择适宜的地点，将腰带、手表、袜子、胸罩、领带等解开，眼镜（戴眼镜者）脱下来。

（2）入静：轻闭着眼睛，先把气息全部吐出来。接着由鼻孔慢慢地吸着气，再把它储存在肚脐下气海丹田的地方。用两只手像怀抱似的按住下腹部也是个好办法。最初吸气持续时间为 5 ~ 10 秒，练习时间共 30 ~ 60 秒。

闭上眼睛，将基本暗示输入自己的心中最为重要。请想象自己的脚、膝盖、大腿都一一舒适地浸泡在水中，这样一来全身肌肉都放松了。接着放松背脊和两肩，然后放松胳膊、手、指头和下巴，脸上的肌肉也要放松。接着，请想象自己的身体渐渐沉重起来，终于深深地陷在垫子中。这样一来，自己感觉不到自己的重量，就这样保持两三分钟——完全放松了，心情十分舒适。接着，请想象自己是一朵云彩，一朵特别轻盈、万念俱空的、飘拂在辽阔蓝天上的云彩……

（3）进入浅度催眠状态：

①等心境平静下来之后，开始进行自我催眠。用右手（左撇子用左手对左胳膊）对右胳膊施加暗示。想象“胳膊重重的哦”。此时，要尽量去感觉“重重的”，但并不是手持重物的那种感觉，而是近似于“胳膊懒洋洋”的沉重感。

②接下来，继续进行自我暗示，默念道：

“胳膊重重的……胳膊重重的……胳膊重重的……”在心中反复这样默念，并将注意力集中于胳膊的肌肉，但不要强制性地去寻找这种感觉。自然而然地、逐渐地感到“胳膊变得越来越重了”。

③等脑海中浮现出“胳膊懒倦”的感觉之后，“胳膊重重”的感觉便会逐渐被“胳膊懒倦”的感觉所取代。此时，你可能会感觉到胳膊已经不是你自己的了，到了这个程度，表明催眠进展顺利。

④接着，继续重复暗示，默念道：

“胳膊重重的……胳膊重重的……胳膊重重的……”

⑤此时，你不用再去努力，很快，你的胳膊真的变重了。在胳膊变重的同时，你的心理也从所有的紧张之中解脱出来。

“啊，胳膊好重啊，心情也变得特别舒适，好自在啊！”

⑥当感觉到“胳膊重重的”之后，继续暗示自己，在心里默念：

“胳膊热热的……胳膊热热的……胳膊热热的……”

此时，将身体内的注意力集中于胳膊，努力让自己感觉到“哦，胳膊重重的，胳膊热热的啊……”过一会儿之后，自己身体的周围会产生一种“倏——”地一下来了的感觉。这时，大脑中应该能够映现出你自己胳膊的形态，或者胳膊里肌肉的样子可能会在头脑中浮现出来。

⑦接着，继续重复暗示自己，“胳膊热热的”，浮想自己胳膊的样子。此时，可能会真的感觉到“胳膊热热的呀！”起初，这种感觉维持的时间可能非常短暂，稍纵即逝。但逐渐地，会越来越强烈，越来越固定持久。

⑧胳膊的表面被感觉到“暖暖的”时，就应该觉醒了。慢慢地睁开眼睛，坐在原处，重复做两手两脚的屈伸运动，并深呼吸 2 ~ 3 次，然后慢慢地站起来。

⑨一支胳膊催眠成功之后，接下来就可以催眠另一支胳膊；两只胳膊催眠成功之后，接着催眠两支脚。

（4）进入中度催眠状态：进入浅度催眠状态之后，现在开始向中度催眠状态过渡。

①轻轻地抬起右胳膊，手心朝下放在左胸心脏的正上面；左手原地不动。此时，可以在右胳膊肘的下面垫上一个靠垫，支撑着胳膊。

②此时，你的心脏在自己的右手下面，很有规律地跳动。将自己的注意力全神贯注于心脏轻微的搏动上。然后，在你的头脑中浮现出自己正在跳动的心脏的样子。

③慢慢地，你的手感到心脏的搏动逐渐增强了。心脏“咚、咚、咚……”的搏动声传到你的右手心，又静静地传遍你的整个身体。这时，你会感觉到心脏不停地搏动。在心脏的有力搏动中，你会感觉到自己的右手仿佛就要飞起来一样。

④接着，你要在脑海里默念这些话：

“胳膊重重的……胳膊热热的（重复三次）……心脏的跳动静静的……心脏的跳动静静的……心脏在有规律地静静地跳动着……”

此时，那种重重的、热热的感觉便会从你的胳膊延伸到两腿，最后扩散到全身。接着会出现忽强忽弱的心脏跳动。

⑤此时，心脏的搏动和心情的起伏融为一体了。再一次让那轻轻地、静静地跳动着的心脏融入你的脑海。再让它回来。

“心脏的跳动静静的……心脏的跳动静静的……”

⑥接着，你会逐渐感觉到呼吸加深了，次数减少了，心脏的跳动也舒缓了。此时你可能会在一刹那间，根本感觉不到心脏的跳动。这是因为你与心脏的跳动融为一体了。即使听不到跳动，也没有必

要感到不安。静静地、慢慢地，跳动又回来了。

⑦至此，你会感觉到自己的心脏仿佛是荡漾在微微细波之上的一叶小舟，随着愉快的旋律在舒缓地跳动着。至此，你终于能够将你融入自己的心中。

⑧过一会儿，你可能首先感到的是重重的、热热的感觉扩展到全身，心脏在舒缓地、静静地跳动着，渐渐地、渐渐地你感觉到你自己的呼吸变得慢下来了。慢慢地、慢慢地呼吸加深了，仿佛整个身体都在呼吸，深深地、愉快地、轻轻松松地呼吸。你的身体像波浪一样随着呼吸的节奏而起伏，并向前后左右摇晃起来。

（5）压力缓解暗示：

①现在想象自己参加了一次重要考试而获得成功的情景。考试结束，心情舒畅；自己正坐在一池清澈、宁静的湖水边上，心情非常安宁。

②现在想象另一场考试，监考人员来回走动，但题目不难，答起来得心应手。你一点也不紧张，泰然自若，自信能名列前茅。

（6）觉醒。至此，潜意识中已经解除考试压力。接下来，就可以实施觉醒操作了。

坐在原地，静静地睁开眼睛，接着屈伸胳膊5次，用力伸。然后尽可能做深呼吸，再慢慢地坐起来。

7.2 运用催眠术治疗抑郁症的原理与方法

7.2.1 运用催眠术治疗抑郁症的原理

1. 抑郁症概述

抑郁症是一种危害人类身心健康的常见心理疾病。世界卫生组织曾经预言，抑郁症是21世纪人类的主要杀手。目前，全世界约有一亿人患有抑郁症，且数量有增无减。抑郁症既可以影响人们的工作效率，又可危及病人的生命，严重的抑郁症患者当中有约15%的可能自杀而死。那么，何谓抑郁症？

一般认为，抑郁症属于心境障碍（mood disorder），是由外部环境因素或自身生理因素（或两者兼而有之）引起的以显著而持久的情感或心境低落为主要特征的综合征。这种障碍的范围可能从情绪的轻度不佳到严重的抑郁，情绪变化幅度比较大。但它有别于正常的情绪低落，表现为当事者的体验和反应比任何一种单一的负面情绪更为强烈，而且持续长久；它给人们带来的痛苦更大，除了悲伤外，还兼有痛苦、愤怒、负罪感、羞愧、内疚等情绪。一个抑郁症患者的临床症状通常是：心境不良，情绪消沉，焦虑、烦躁、坐立不安；对日常活动丧失兴趣、丧失愉快感，整日愁眉苦脸，忧心忡忡；精力减退，常常感到持续性疲乏；认为活着没有意思，严重者感到绝望无助，度日如年，大部分患者有着结束自己生命的意念。并且，由于抑郁症患者思维逻辑基本正常，实施自杀的成功率也较高。据研究，抑郁症患者的自杀率比一般人群高20倍；社会自杀人群中约有一半以上是抑郁症患者。

抑郁症患者在躯体症状方面常常存在身体不适感：如口干、便秘、食欲减退、消化不良、心悸、气短胸闷等。这些症状一般老年患者多见。

此外，抑郁症患者的情绪变化存在“昼重夜轻”的节律变化，所谓昼重夜轻，就是上述的不适早晨起来严重，下午或晚上有部分缓解，睡眠上表现为醒得早，而不是像焦虑症的情绪反应那样上半夜很难入睡。

2. 运用催眠术治疗抑郁症的原理

抑郁症患者存在一个共性就是认知固着，即把自己束缚在想当然的认知假设、信念中，使自己囿于痛苦的内心世界里，饱受煎熬甚至发展到自虐的程度。这一特点，恰好为催眠术提供了用武之地。因为当患者被催眠至深度状态之后，潜意识会主导大脑和心理活动，这时可以在施术者的暗示下引导患者修改其认知体系，通过认知体系的重构来改善情绪和心境，从而达到康复的目的。实践证明，在催眠状态下，暗示语所产生的效应要比清醒时大得多。虽然言语的暗示在清醒状态下也能起一定作用，但是在催眠状态下，由暗示引起的意象会更有威力，作用到潜意识会更强而且持久。患者对暗示语会变得特别容易接受，并仿佛“融化到了血液中”而成为自己固有观念的一部分，把那些抑郁、焦虑、厌恶、紧张等有害的负性意念，不愉快的事件和痛苦的经历彻底清除掉，用积极的“正性意念”（如自信、满足、勇气、沉着、胜任、协调、专心、信奉等）来调整心理生理活动，改善情绪，增强机体的免疫、生长与修复功能。巴甫洛夫认为，催眠的有效作用是由于运用了良性语句，改善了机体的内环境。他在第二信号系统——语言的心理生理研究中，证明了大脑皮层在调节机体过程中的重要作用，并断言：“暗示是最简单最典型的条件反射。”当个体接受暗示后，处于一种对指令与吩咐不加分析、批判，无条件执行和相信的状态，从而调动了个体内部的积极性，促进了机体的代偿功能，达到治疗的目的。

7.2.2 运用催眠术治疗抑郁症的方法

1. 关于运用催眠术治疗抑郁症的方法论说明

抑郁症是心理治疗领域尚未彻底攻破的难题，运用催眠术进行治疗只是解决这个难题的一种尝试。首先，在实施主体上，尽管催眠治疗法可以采取他人催眠的方式，也可以采取自我催眠的方式，但鉴于抑郁症的认知固着和负性情绪深刻化的特点，对抑郁症的治疗，自我催眠法一般难以实施。因为抑郁症患者已有的认知观念根深蒂固，靠自我理性的作用无法形成旨在变革自身结构的异己力量；

再者，负性情绪的深刻化也会使当事者无法坚持长时间的自我催眠及暗示。值得欣慰的是，抑郁症患者的求医愿望和动力通常都比较强，这为实施他人催眠法提供了便利。

其次，在治疗策略上，采用他人催眠暗示的方法，在进入由潜意识控制的状态下，能帮助抑郁症患者重构认知信念体系，从根源上医治其过去的创伤，甚至童年创伤、出生创伤，使抑郁症得到极大的改善和缓解。但是，对于抑郁症的治疗，尤其对那些生理症状严重的患者来说，这是远远不够的。毕竟，物质决定意识，而且从心理改变到生理改变，通常也需要一段时间。因此，对抑郁症的整体治疗，需要采取他人催眠治疗（即心理治疗）与生理治疗相结合的方法。对一些生理症状反应强烈的患者，可先将其生理状态调整到常规，在非抑郁状态下再对患者表现出的心理问题进行深层处理和重构。

最后，在治疗的程度上，可根据患者的特点，灵活采取浅层、中层和深层治疗三种方法。

（1）浅层治疗。浅层治疗的技术指标是：达到缓解症状，使患者感受到舒适，为后面中层治疗打下基础。治疗策略为：先由施术者诱导患者至深度催眠，然后对其躯体症状，如思维迟缓，心痛，心悸，胸闷，精力下降，胃肠道、心血管体征等，采用多种催眠治疗方法反复进行暗示，诱导患者去想象和感受。浅层催眠中使用的治疗方法有：白光想象，器官对话，能量治愈；穴位按压，经络舒展，催眠按摩；禅宗的真言及手印；逐步抽离等。

（2）中层治疗：中层治疗的技术指标是要在深层催眠状态下，将潜意识最大限度地激活起来，给其命令，并通过它来改变生理指标。治疗策略为：诱导出深度催眠，使患者的潜意识了解自身现在的躯体症状，并诱导其作脑神经改变；命令潜意识改变现在的生理结构，使神经递质分泌正常。中层催眠中使用的治疗方法比较灵活，只要能够诱导出深层催眠，并达到与潜意识进行顺利沟通即可。

（3）深层治疗：深层治疗的技术指标是：激活患者的潜意识，使潜意识的力量足以修正其认知结构。治疗策略为：诱导出中度催眠，使意识和潜意识同存，使潜意识明白这种提醒意识的方法不是很妥当，在探究心理问题前，命令其找出更多选择，用多种方式来改变以抑郁情绪为主的心境状态。深层催眠中使用的治疗方法有：艾里克森的隐喻故事法、躯体症状转移法、神经链接的六步换框法等。

注意：以上催眠治疗方法的实施时间应根据患者的症状表现进行，特别要防止抑郁好转的时候，就放松对催眠治疗时间的掌控的现象。

2. 他人催眠治疗抑郁症示例

【案例】一女青年，24岁，空调生产厂职员。主诉一年多来非常痛苦，大脑反应迟钝，胸闷、头晕，经常对自己说错的话或做错的事感到非常痛苦，埋怨自己，整天情绪低落，很自卑，无食欲，每天晚上无法入眠，经常情不自禁地流泪，不想上班，不想见人，怀疑自己得了抑郁症。

操作程序如下：

（1）准备：

在施术之前，要预备一个催眠凝视球，让其产生出悦目的光辉。注意，凝视球不需要很大，小点的较好，最好是一个发光的东西，如小壁灯。如没有专用工具，也可用钢笔尖、戒指等替代。此外，施术者务必穿上干净整洁的衣服，消除自身可能存在的异味和口臭等；同时，可当着患者的面将自己的手洗干净，并用干净毛巾擦干。

（2）入静：

①患者姿势采取坐姿，两手自然放在膝上，背部不要靠在椅背上，并以全身舒适为宜。

②施术者用左手轻按在患者肩膀上，助其控制体位。

③用言语引导患者做深呼吸，暗示其排除杂念妄想，使精神集中。给予暗示：

“深呼吸……吐气……吸气……很好，感觉这个深沉缓慢的呼吸频率……”

④施术者用左手轻轻地扶着患者的头顶后部，以固定其位置。但务必小心，不要让患者感到不安，担心头发被弄乱。

⑤施术者右手拿着凝视球置于患者眼睛的正前方，与患者眼睛的平衡位置相距约30厘米。同时，用言语引导患者张开双眼，注视凝视球的反射光点，说：

“慢慢地睁开眼睛，目不转睛地盯着看。”
“凝视时，眼皮不要闪动。”
“好，边盯着看，边仔细听我说。”
“请使劲盯着看。”

施术者边说边使其集中注意力，右手逐渐提升凝视球，大约上升15厘米左右。

此时，重要的是要固定患者的头部。因为要朝上看，眼睛会容易疲劳。而头部固定了，让其使劲向上凝视，开始集中注意力，停止眨眼，过一会儿，患者的眼睛就可能会湿润。这时，只要好好观察患者的下眼皮就知道了。

⑥患者眼睛一疲劳就会湿润，就会眨眼，如果注意力再高度集中的话，呼吸就会加深。

接着，继续用言语暗示：

“你的眼睛一转不转地盯着看，你的眼皮变重了，开始下垂了。”

“一点点地下垂了。”

“一直在下垂……”

一边重复这种暗示，一边用右手逐渐地下降凝视球。若发现患者眼皮不再睁开，表示诱导成功。可进行下一步的操作。

（3）诱导至深度催眠状态：

①施术者给予暗示：

“你现在只能听到我的声音。听到我的声音，将带领你进入更深……更深的催眠状态。很好……放松的感觉继续往下，放松你的下巴、脖子、后脑、后面脖子，很好，配合你缓慢深沉的呼吸，你的胸部放松，你的腹部放松，肩膀放松……很舒服。你越放松越舒服。这种感觉慢慢地往下，往后背，到了你的后腰也渐渐放松……手臂很舒服地放在你的身旁，手背、手指很轻松，臀部放松……来到你的大腿处，放松，很舒服。来到膝盖处，放松……小腿放松，渐渐往脚踝、脚背放松，往脚趾头释放出去……很好……保持这个舒服的姿势。”

②接着诱导患者想象：

"想象前面有五层的阶梯，最下面那层阶梯，是通往你最喜欢、最舒服、最自在的地方。一个让你最感觉自在的地方……现在我由5数到1，我每往下数一个数字，你也往下走一个阶梯，每下一个阶梯，也进入更深一层的催眠状态。5，你往下走了一个阶梯，很好，放松，让潜意识出来，代替你向下走到4……进入更深的催眠状态，好……3，往下走了一层，放松，让潜意识释放……2，很好，慢慢地向下走了一层……1，进入更深沉的催眠状态……来到了你最喜欢的地方，眼睛看到的，耳朵听到的，都是你最熟悉最喜欢的感觉，鼻子闻到的味道，皮肤表层感受到的，都是你最舒服最自在的感觉，轻松舒服地坐在这个地方……很好。

（4）接下来，诱导患者调整认知结构：

①慢慢地我们把时间往前来到昨天这个时候，想象昨天这个时候你在做的事情，在眼前真实重复的出现……很好，慢慢地来到前天这个时间点……感觉前天在你的眼前，回想前天这个时间点你所看到的人，听到他的声音……很好，慢慢地我们往前来到一个星期以前，感觉一个星期以前这个时间点你所看到的，你所听到的，你所感觉到的……很好，体会这种很舒服的感觉……往前，慢慢往前来到你刚进空调厂的时候，看看接待你的同事，看看对你很信任的主管，听到他们熟悉的声音，感受到当初你被委以重任的时候，很好……他们对你都很友好，很信任你，欣赏你……

②现在，来看看你的工作内容。你负责的任务很有意思，想想你曾经做过的一项成功的事，干得非常好，非常成功。你很有才干，很聪明……

③你的胸闷已经好了，问题已经解决了，你感觉一下。

④想想厂里那些跟你一起工作的同事，他们对你很友好，你对他们微笑，他们也对你微笑；你说一声："你好!"他们也问你好。你试一试，感觉一下……很好，跟同事在一起工作真开心、真快乐、真有趣。

（5）觉醒：

好，慢慢地我们要回到现在。当我从1数到3，你会越来越清醒，1……开始清醒，让你的意识回来……2，越来越清醒……当我数到3，你眼睛会越来越明亮，越来越清晰，3，完全清醒，深深地呼吸，睁开眼睛……

7.3 运用催眠术治疗神经衰弱的原理与方法

7.3.1 运用催眠术治疗神经衰弱的原理

1. 神经衰弱概述

神经衰弱，又称神经虚弱，是指因脑力活动长期过度紧张，引起大脑神经既容易兴奋又容易疲劳，并伴有各种躯体不适感和睡眠障碍的一种神经症。这一病名是由美国精神科医生比尔德（Beard）于1869年最早提出的。他认为神经衰弱是与神经系统器质性疾患不同的一种功能性疾病，患者大都具有神经质特质，有些患者病前具有明显的易感素质或个性，如内向、孤僻、好强、敏感、多疑、患得患失等。

神经衰弱的症状与1985年《中华神经精神科杂志》编委会在《神经症临床工作诊断标准》中所给出的有关神经症的定义有些重

合，该定义为："神经症指一组精神障碍，为各种躯体的或精神的不适感、强烈的内心冲突或不愉快的情感体验所苦恼。其病理体验常持续存在或反复出现，但缺乏任何可查明的器质性基础；患者力图摆脱，却无能为力。"但是，神经衰弱患者没有严重的行为紊乱，这与严重的精神病如精神分裂症等有所不同，神经衰弱是有区别的。神经衰弱也符合上述特点，病人无器质性病变，常为失眠、脑力不足、情绪波动大等不能自主的症状所苦恼。

巴甫洛夫认为，神经衰弱的主要病理生理基础是大脑皮层内抑制过程弱化。内抑制过程减弱时，神经细胞的兴奋性相对增高，对外界刺激可产生强而迅速的反应，从而使神经细胞的能量大量消耗。临床上，这类患者常表现为容易兴奋，又易于疲劳。另外，大脑皮层功能弱化，其调节和控制皮层下植物神经系统功能也减弱，从而出现各种植物神经功能亢进的症状。人的高级神经活动类型属于弱型和中间型的人，易患神经衰弱。这类个体往往表现为孤僻、胆怯、敏感、多疑、急躁或遇事容易紧张。不过没有人格缺陷的人，在强烈而持久的精神因素作用下，同样可以发病。

目前大多数学者认为心理因素是造成神经衰弱的主要原因。一般而言，能引起持续的紧张心情和长期的内心矛盾的一些因素，使神经活动过程强烈而持久的处于紧张状态，超过神经系统张力的耐受限度，即可发生神经衰弱。如过度疲劳而又得不到休息是兴奋过程过度紧张；对现在状况不满意则是抑制过程过度紧张；经常改变生活环境而又不适应是灵活性的过度紧张。人们若遇到某些意外的不幸事故，或受到不正确的指责、诽谤，或突然遇到某种难以解决的问题等，通常都会引起情绪上的苦闷、忧虑和不能承担的精神负担，这些精神上的长期紧张和矛盾等，都可促使高级神经活动的过度紧张而导致神经衰弱。临床上常常不是在严重的精神创伤遭遇后立即发病，而是在经过一段时间后，环境条件已经好转、创伤早已成为过去的情况下才发病。这是由于在严重精神创伤的情况下，神经系统动员了一切内部力量来应付这个刺激，控制住这种反应，当“危险的”、“可怕的”情况过去之后，神经反应反而脱离大脑皮层的正常控制而出现神经衰弱。

神经衰弱这种神经症在脑力劳动者群体中比较流行，其临床症状主要表现在以下几个方面：

（1）头痛：这是神经衰弱的主要症状之一，其特点是自我感觉头部有突出的重压感，头脑不清爽，昏涨等；头痛持续时间较长，通常发生在工作、脑力劳动、开会、阅读以及不愉快、紧张、心烦焦急的时候，但尚能坚持必要的工作，不会痛到不能忍受的程度。休息后能减轻痛感。

（2）失眠：表现为入睡困难，每当夜深人静时，患者躺在床上胡思乱想，焦虑不安、浅睡多梦，早晨起来感到疲乏。

（3）记忆力减退，注意力不集中：表现为对日常琐事大量遗忘，但对情绪体验深刻和重要的事情不容易遗忘，不能集中精力做一些事情，平时稍做点脑力劳动就感到疲劳不堪。

（4）容易兴奋又容易疲劳、情绪不稳定：表现为性情变得急躁，容易激动，多愁善感，常因微不足道的事情动怒或伤感流泪，明知不对也无法克制；对光、噪声及某些气味特别敏感或反感；容易疲劳，思考问题时间不能持续到正常的长度，容易出现头昏眼花的现象，精神委靡不振。

（5）植物性神经功能紊乱：表现为可能发生心慌、烦闷、盗汗、腹泻、遗精、阳痿、月经不调等生理症状。

（6）自疑有病：神经衰弱的症状表现在各个系统，因此有的患者因心慌、心跳，即认为是患了心脏病；有的患者脸色发红、发热，即认为是患了肺结核；胃部不适、胃口不好，即认为是患了胃病或胃癌。

神经衰弱从本质上看，是一种功能性疾病，因而存在治愈的可能性。有些医生认为，患了神经衰弱采用休息疗养即可。的确，休息能使症状减轻，特别是患者刚入院治疗时似乎有立竿见影之效。但是，当患者继续往下休养时，症状又全部出现，例如仍觉四肢无力、头痛、失眠等。在休养过程中，有的为了保护脑子而不敢看书读报。其实不然，脑子不用会渐渐的衰退，不但不能因休养使其精神、健康起来，反而会使自己的工作能力逐渐下降。

2. 运用催眠术治疗神经衰弱的原理

既然神经衰弱主要是由心理因素所引起的大脑皮层内抑制过程的弱化，就可以通过修正大脑皮层暂时神经联系系统的连接模式，来调节其神经兴奋与抑制的阈限，最终达到从根源上治疗神经衰弱的目的。催眠术恰好具有这样的功能，因为通过催眠术所诱导出来的潜意识主导状态，可以实施对大脑皮层暂时神经联系系统兴奋与抑制的阈限调节，从而根治神经衰弱。

7.3.2 运用催眠术治疗神经衰弱的方法

【案例】一位大学生为了考上研究生，从大三开始就投入紧张的学习，压力很大。不久，他便陷入苦恼之中，头整天昏昏沉沉，听不清老师讲课，注意力无法集中，记忆力减退、失眠。开始，他不以为然。过了一段时间之后，又出现了头痛，整个脑子像被一块布罩着一样。到医院检查几次，没有查出任何器质性疾病。

操作程序如下：

（1）施术前准备和入静：参考前面章节提供的方法。

（2）将患者诱导进入中度催眠状态之后，开始实施暗示方法来消除其症状，并给予暗示：

“你现在已经处在很深的催眠状态，很深、很舒服……我清楚，你患有神经衰弱症，现在我给你做治疗，经过我的治疗，你的症状就会消除，你的疾病就会痊愈……我来给你按摩头部，按摩以后，你的注意力不能集中、头痛、失眠、健忘等症状就会自然消失，你听课会非常有精神，注意力会高度集中……非常舒服，你现在非常舒服……你现在头脑很清晰，没有任何不舒适的感觉，今后也不会有头痛、精神不振、四肢无力的感觉了，醒来以后，你会感到精神振奋，状态良好……”

此时，施术者应仔细观察患者面部表情上的反应，如出现轻松安详的表情，则表明暗示已产生效果。

（3）继续强化植入的认知意念，给予暗示：

“你现在进入越来越深的催眠状态，你的活动完全由你的潜意识控制……你变得很容易接受催眠，说明你大脑功能良好！催眠已使你轻松、愉快，焦虑紧张状态已经消失，失眠已经治好，你不会再失眠了！你现在上课精神非常好，注意力集中。你感觉一下，听课非常轻松，听得非常明白，老师说话非常清楚……听课非常舒服，以后你每晚11时一定会很快睡熟……直至第二天凌晨6时方醒，醒后你会感到精力充沛……你的病已痊愈了。”

（4）继续强化所植入的认知观念，给予暗示说：

“你的神经衰弱症已经治愈，所有的症状已经消除殆尽，今后也不会再发作，肯定不会的，没有任何疑问的！”

（5）觉醒暗示：

“现在我来数数，从 1 数到 5。当我从 1 数到 5 时，你会越来越清醒，1，开始清醒，让你的意识回来……2，越来越清醒……当我数到 3，你眼睛会越来越明亮，越来越清晰，3，非常清醒……4，你完全清醒……5，深深地呼吸，睁开眼睛……

注意：一般说来，在实际治疗过程中，进行一遍上述的暗示远远不够。尤其是前一部分的暗示指导语，应反复强调多遍，方能取得比较好的疗效。因此，在将患者诱导入催眠状态之后，还要花 15 分钟的时间，让患者反复接受指令、体验感觉。症状较轻，而且感受性比较高的患者，大体经过两次治疗后即可见效。但对于那些症状较重、感受性比较差的患者，则需要约 10 次左右的催眠治疗才能痊愈。

思考与练习

1. 你认为运用催眠术防治心身疾病的原理是什么？

2. 请参照本章所提供的操作程序与方法，尝试减缓心理压力或焦虑。

附录一：催眠进入程度的检测指标

催眠是施术者与受术者之间相互作用、相互配合的过程。施术者在实施催眠的过程中，要对受术者的催眠程度进行检测，从而确定受术者是否已经进入催眠状态，以及达到何种催眠深度，由此决定是否继续实施催眠。

一、浅度催眠状态的表现与检测

1. 眼皮沉重

暗示语：

你的眼皮现在非常沉重，不想睁开，完全不想睁开，但是非常舒服……你的眼皮好像被胶水粘上了，越是想用力睁开，反而闭得越紧……很沉重，如何也睁不开……好，你现在可以试一下，睁开你的眼睛，使劲，再使劲……

评分：

0 分——不知不觉中睁开眼睛。

1 分——眼皮粘住，有沉重感，但经过努力还是可以睁开。

2 分——不想睁开眼睛，一直闭着。

3 分——想睁开眼睛，事实上却无法睁开。

4 分——想睁开眼睛，反而闭得更紧。

2. 手臂沉重

暗示语：

现在你让全身保持放松，以你感到最舒适的姿势坐着（或躺着）。将注意力集中于右手手臂（左利手者则将注意力集中于左手手臂）……现在你的右手臂开始有沉重感，整个手臂显得越来越沉重……越来越沉重，非常沉重，整个手臂好像灌满了铅似的。你的手臂现在一点也不想动，完全不想动。没法把手臂举起来。你的手臂不能动了，想举起手臂，可是一用力以后，反而更加沉重……你试试看，你抬抬你的手臂看……使劲……再使劲……

评分：

0分——没有什么感觉，手臂伸举自如。

1分——手臂确实有沉重的感觉，不能举高，但努力尝试后，仍可举起。

2分——不想举高手臂，努力尝试，仍举不高。

3分——即使想举高手臂，也举不起来。

4分——想举起手臂，但举不起来。努力尝试后，反而更觉得手臂沉重。

3. 手指交握

暗示语：

请你伸出两手，手指张开，互相交握，全身保持放松状态……现在，请将你的注意力高度集中在交握的手指上，不要有任何杂念。渐渐地，你会感觉到手指上的力量越来越大，两手握得很紧，越来越紧……现在，你的手指不能伸直，也不能分开，愈是想用力分开两手，反而握得愈紧……你试试看，试着将两手分开，使劲，再使劲……

评分：

0 分——没有什么感觉，随时可以轻松地将手分开。

1 分——确实感觉到两手紧握，不能分开，但是经过努力尝试，还是可以分开。

2 分——不想分开两手，也不能分开。

3 分——想分开两手，事实上却无法分开。

4 分——想分开两手，事实上却握得更紧。

4. 手臂僵硬

暗示语：

现在你的左手臂侧横举，左手握成拳，手臂伸直，紧握拳头，把注意力高度集中在举起的手臂上。此刻，请想象你的手臂变得僵硬，越来越僵硬……渐渐变硬……变得非常僵硬……你再注意举起的手臂的感觉，手臂已经变得非常非常僵硬了，好像一根铁棒那么坚硬，完全不能弯曲，一点也不能弯曲，愈是努力想弯曲自己的手臂，手臂反倒显得愈坚挺，你试试看，试试自己的手臂还能不能弯曲……使劲，再使劲……

评分：

0 分——没有什么感觉，想弯曲手臂时，可以自如运行。

1 分——感觉到手臂僵直、不能弯曲，但是经过努力尝试后，仍然可以弯曲。

2 分——不想弯曲，也不能弯曲。

3 分——即使想弯曲手臂，但客观上也无法弯曲。

4 分——即使想弯曲手臂，但事实上却变得更加僵硬。

5. 腰部僵硬

暗示语：

请你尽量采取自己感到舒适的姿势，坐在椅子上（或躺在床上）。全身放松，再放松，渐渐地，你感到背部很温暖，腰部周围也有一股暖流在奔涌……请体验，请体验这种温暖的感觉，继续体验。接下来，你开始感到全身很沉重，身体好像十分疲倦，腰部逐渐有沉重的感觉。整个人好像粘在椅子上（或床上）似的，非常沉重，越来越沉重……想要从椅子上站起来（或从床上坐起来），但事实上却无法办到。越是想站（或坐）起来，腰部的沉重感就越大、越强烈……好的，你现在可以试试看，试着站（或坐）起来……使劲……再使劲……

评分：

0 分——可以很轻松地站（或坐）起来。

1 分——感觉上似乎不能站（或坐）起来，事实上还是可以站（或坐）起来。

2 分——不想站（或坐）起来，客观上也无法站（或坐）起来。

3 分——即使在主观上想站（或坐）起来，可事实上却无法站（或坐）起来。

4 分——主观上想站（或坐）起来，但客观上腰部反而变得更加沉重、僵硬。其评分结果见表 1。

表 1

观测点	分项得分	合计得分所在区间	评价意义
眼皮沉重		0～5 分	无反应或不配合状态
手臂沉重		6～8 分	稍有反应
手指交握		9～11 分	处于即将进入状态
手臂僵硬		12～14 分	正式进入状态
腰部僵硬		15～20 分	完全投入状态

二、中度催眠状态的表现与检测

1. 幻味（酸）

暗示语：

现在，请你想象酸杨梅的味道，你的眼前摆着许多酸杨梅。请你将注意力高度集中在口腔里，你会发现你的口腔逐渐变得酸起来，好像吃了酸杨梅一样。现在你嘴巴里越来越酸……继续将注意力集中于你的口腔，继续体验口腔里越来越酸的感觉……继续体验，好，现在，你的口腔里“酸”的感觉越来越强烈了……

评分：

0 分——没有产生任何酸的感觉。

1 分——有酸的感觉，但并没有体验到酸味。

2 分——不知道是什么味道，可能是酸味。

3 分——有酸味，但其感觉并不强烈。

4 分——在表情上、主观上，都明显呈现出有酸味的反应。

2. 幻嗅

暗示语：

请你在头脑中想象有香水的一个情景，即在你的面前摆满了许多芳香浓郁的香水。这时，请你将注意力高度集中于鼻子，用力嗅，你会发现你的鼻子渐渐地“闻”到一股香味……你仔细地感觉一下，你的鼻子闻到了很香、很香的气味，在你的头脑中也感觉到非常芳香的气味了。请你一定要集中注意力，仔细地闻，一定能闻到香味……闻到了吧？

评分：

0 分——完全没有闻到香水味。

1 分——产生了香的感觉，可是并没有闻到香水味。

2 分——不知道是什么气味，好像有香味。

3 分——有香味，但是感觉并不十分明显。

4 分——在表情上、主观上，都明显呈现出闻到了香味的反应。

3. 幻触

暗示语：

现在你全身再次放松，彻底地放松……好，请将你的注意力高度集中于手臂，渐渐地，你会感觉到你的手臂有点痒……越来越痒……非常痒……继续体验，继续体验手臂很痒的感觉。现在你告诉我，你的手臂是不是很痒？

评分：

0 分——没有产生任何痒的感觉。

1 分——感觉上似乎有点痒，但实际上并不痒。

2 分——没有什么确切的感觉，似乎是有点痒。

3 分——不太清楚手臂的感觉是什么，可能是痒的感觉。

4 分——在表情上、主观上，都明确体验到了痒的感觉。

4. 幻听

暗示语：

刚才你一直想着其他事情，没有注意听外面的声音。现在你静下心来，仔细听外面的声音……仔细听，有只苍蝇正在你的周围“嗡嗡”地飞着，渐渐地飞过来了，向你的耳旁飞来……“嗡嗡”的声音非常嘈杂，飞得越来越近，声音越来越大。不堪忍受……你不用着急，仔细地听，一定能听到……现在你告诉我，你有没有听到苍蝇发出的“嗡嗡”的声音？

评分：

0 分——没有听到任何苍蝇的“嗡嗡”声。

1 分——似乎听到什么声音，但实际上并没有。

2 分——没有什么确切的感觉，好像是听到了什么声音。

3 分——有声音，好像是听到了苍蝇的声音。

4 分——在表情上、主观上，确实感觉到苍蝇“嗡嗡”的声音，非常嘈杂。

5. 幻视

暗示语：

请你想象眼前有一片宽广的草原，在远处可以看到淡淡的、朦胧的山峰，天空中没有一丝云彩，蔚蓝色的天空一碧如洗。接下来，把你的视线转移到草原上，草原非常辽阔，草地碧绿如茵。你再走近看，前面的花园里，盛开着许多美丽的花朵，万紫千红，美不胜收，多么美丽的花啊！现在，请你集中注意力，仔细看清花的颜色、形状。再仔细一点看，是不是看见了花的颜色和形状？花的颜色和形状是什么？请你告诉我。

评分：

0 分——没有看到任何东西。

1 分——好像是看见什么，其实什么也没有看见。

2 分——不太清楚，好像是看见了什么东西。

3 分——不太确定，可能是看见花了。

4 分——的确是看到了花的形状和颜色，并能描述出来。其评分结果见表 2。

表 2

观测点	分项得分	合计得分所在区间	评价意义
幻味		0 ~ 5 分	无反应或不配合状态
幻嗅		6 ~ 8 分	稍有反应
幻听		9 ~ 11 分	处于即将进入状态
幻触		12 ~ 14 分	正式进入状态
幻觉		15 ~ 20 分	完全投入状态

三、深度催眠状态的表现与检测

1. 忘记年龄

受术者坐在椅子上，施术者站在受术者的后方，用两手轻轻夹住受术者的头部。

暗示语：

现在，请听我数数。我从 1 数到 10，一边数数，一边把你的头向左右轻轻摇晃伴之以实际动作示范。在我数数的过程中，当听到我数 3 的时候，你会渐渐地想睡觉；数到 5 的时候，你就会进入很深的睡眠；数到 7 的时候，你会感觉到头部越来越轻，好像各种记忆都渐渐地淡化了；等我数到 10 的时候，我会说声“好”，再把放在你头部的手拿开，这时，你头脑中原有的记忆将完全消失。

好！现在我开始数数：1——2——3，你开始想睡觉了……4，你非常想睡……5，你已经睡得很深了，并且睡得很舒服，只是我的话你还听得很清楚……6……7……你的意识已经模糊不清了……8，你的头脑里现在一片空白……9，记忆逐渐暗淡……10，同时，我的手将放开，许多记忆都已完全消失。

好！现在我相信，你已经忘记了自己的年龄，完全忘记了，肯定回忆不起来，不会错的。你试试看，试着回忆自己的年龄，然后告诉我。

评分：

0 分——并没有忘记自己的年龄，可以很轻松地回想起来。

1 分——感觉上似乎是忘记了，但努力回想，仍然可以想起来。

2 分——不想努力去回忆，事实上也回忆不出来。

3 分——努力想去回忆，但客观上回忆不出来。

4 分——很奇怪，自己竟会忘记自己的年龄，的确想不起来。

2. 忘记姓名

受术者坐在椅子上，施术者站在受术者的后方，用两手轻轻夹住受术者的头部。

暗示语：

下面我要从 1 一直数到 5，当我数到 3 的时候，你的记忆力逐渐模糊；数到 5 的时候，我说一声“好”，然后放开放在你头部的双手。这时，你的记忆力将完全丧失。

现在我开始数数。1——2——3，你的记忆力已变得十分模糊，4，你的记忆力已经消失了，5（同时放开放在受术者头部的双手），你已经忘掉所有的事情了，什么也回忆不起来了……你已经忘掉了自己的姓名，不管花多大的气力、用什么方法都回忆不起来……越是努力回忆，遗忘越是彻底，你已经完全忘掉了自己的姓名……你试着回忆你的名字，你到底是谁？请告诉我……

评分：

0分——并没有忘记，可以很轻松地回想起来。

1分——感觉上好像是忘记了，可是经过努力回忆，仍然可以回想起来。

2分——不想努力去回忆，而且也回忆不出来。

3分——即使努力去回忆，也回忆不出来。

4分——努力去回忆，却无法回忆出来。发现忘记自己名字时感到很惊讶，并不假思索地回答已经完全忘记了自己的姓名。

3. 年龄倒退

暗示语：

请你注意过去的时间，我们从昨天的事开始。昨天的晚餐你吃了什么？午餐吃了什么？请你想想看。昨天早晨你做了些什么事？请你仔细想想看。然后，请你回想学校毕业典礼的情况，只要想想你记得的事情就可以了。毕业典礼的那天发生了什么事？你穿了什么样的衣服？当天的心情怎么样呢？请注意！现在我要求你恢复当天的那种心情……接下来，时光开始倒流，你的年纪越来越小，身体也逐渐缩小，像个少年……现在，你只有10岁、11岁了，你真的感觉到自己回到小时候了。

时光继续在慢慢地倒流，你的年龄也越来越小，你刚到进小学的年龄，你的确是个可爱的小男孩（或小女孩），你今年几岁？站在你旁边的人是谁？你知道是谁吗？……好，你现在变得更小了，全身都在缩小，手脚变短，像婴儿一样，请你看看，你周围的一切，看看你旁边的那个大人……那个大人正把你抱起来，抱在怀里……你已经回到了婴儿时代，现在我要求你看清楚抱你的那个人是谁？什么样子？穿的什么衣服？……你正在做什么？正在想什么……请你把这一切都告诉我……

评分：

0 分——不像暗示语所说的那样，能回想起往事。

1 分——回想起过去的事情，感觉到一些幼年时期的气氛。

2 分——只有被暗示的部分可发生倒退，而且倒退的情况不能自动出现。

3 分——行动并不像幼儿那样，但情不自禁地想象年龄倒退的情况，可以随意进行。

4 分——说话的口气、动作、态度，都像幼儿一样。

4. 负幻视

暗示语：

现在，请你睁开眼睛，眼睛可以睁大，并能看清周围的物体，但是，你并没有恢复清醒状态，你仍然处于很深的催眠状态中……请仍然保持全身放松的状态，睁开眼睛，看你面前的桌子（在桌子靠受术者的右前方处，放了一张纸，纸上放了一支铅笔。在桌子靠受术者的正前方处，又放了一支铅笔）。

施术者指着桌子上的纸说：

请看这张纸……再闭上眼睛……接下来，请睁开眼睛，你已经看不见那张纸了，而且你完全不知道那张纸的位置，早就看不见了……

施术者一边说一边把纸放在受术者正前方的铅笔下，右边的铅笔就直接放在桌子上。

好！现在你再次睁开眼睛，仔细地看桌子上，你已经看不见纸了，只看到铅笔，你知道有几支铅笔吗。……现在，请你把没有垫纸的铅笔拿起来，请注意，就拿没有垫纸的铅笔，然后交给我……

评分：

0 分——没有什么特殊的变化，很自然地拿起了没有垫纸的铅笔。

1 分——好像没有看见纸，其实是看见了，却故意选没有垫纸的铅笔。

2 分——虽然没有拿纸上的铅笔，但这是反复比较后的结果，好像是故意忽视了纸的存在。

3 分——没有发现纸的存在，拿起了纸上的铅笔。

4 分——注意那张纸，却无法看见，拿起了纸上的铅笔。

5. 后催眠暗示

暗示语：

现在，请你再度保持放松的姿态。我马上要把你叫醒，使你恢复清醒状态。在你恢复清醒状态以后，你很难回想起在催眠施术过程中我所说的话以及你所做的事。在你记忆中留下的只是非常痛快地睡了一觉。

下面，我要开始数数字，从10倒数到1，数到5的时候，你的眼睛会睁开，但是还没有恢复到清醒状态。数到1的时候，你才能完全清醒。醒来以后5分钟，我要用铅笔轻轻地敲桌子。一旦我敲桌子，你就会从你现在坐的椅子上站起来，走到前面的一张椅子旁。虽然你不明白为什么要这么做，但你必须这么做，这么做的原因你不知道，是谁要求你这么做，你也不知道，但你必须这么去做。

现在我开始数数：10、9，你开始慢慢地醒过来了，8、7、6、5，好的，你的眼睛可以睁开了，4、3、2、1，现在你已经完全清醒了。请继续坐在椅子上休息一会儿。

评分：

0分——什么也没有做，也没有任何感觉。

1分——想起被要求移动的位置，可是实际上没有动。

2分——确实有想移动到另一个椅子旁的意向，但实际动作没有发生。

3分——从原先坐的椅子上站了起来，可该动作在中途停止了。

4分——如暗示语所要求的那样，站起来走到另一张椅子旁，但自己仍不知为何要这么做。其评分结果表3。

表 3

观测点	分项得分	合计得分所在区间	评价意义
忘记年龄		0～5 分	无反应或不配合状态
忘记姓名		6～8 分	稍有反应
年龄倒退		9～11 分	处于即将进入状态
负幻视		12～14 分	正式进入状态
后催眠暗示		15～20 分	完全投入状态

附录二：催眠法治疗非器质性疾病案例选

心因性晕车的催眠疗法

李欣就读于猎德小学三年级，家住翠湖山庄。自出生到大约七岁的光景，一直由奶奶照顾，奶奶对她可说是爱护备至，娇宠得很，每天上学都由奶奶乘公共汽车接送。然而，在即将升读三年级时，奶奶不幸去世。妈妈要上班，考虑到女儿已经是三年级的学生了，妈妈要她独自乘公共汽车上学。

新学年开学第二天，李欣被妈妈逼得哭着鼻子独自乘公共汽车上学。但公共汽车开动不久，她就晕车，极想呕吐。从这天起，她每天都晕车。

笔者接到该案例后，先是以关心的方式与小女孩沟通，尽量与她配合并且相处得很融洽。经过几次这样若无其事的沟通后，笔者就开始治疗她这个坏毛病。

笔者采用催眠法，实施前面所述的腹感暗示，经脱敏而解除。当晕车的时候利用催眠暗示的后效，进行诱导，连续做“忍一忍是非常容易的事”等暗示，并一点点地记录其效果。

由于李欣双亲也热忱地与笔者作适当的配合，所以很快就显示出效果来。经过数周的训练，她对于搭车已经表现得完全不在乎了，而且能高高兴兴地去上学。

神经性食欲不振的催眠疗法

在113中学读初二的黄鹏，被称为“神经性食欲不振”的麻烦症状缠住。虽然已经去过几家医院看医生，在综合医院里接受治疗，但一直无法康复。上课注意力不能集中，成绩越来越落后。

当时正逢三月，他父母带他找到笔者。黄鹏虽然外表给人感觉清新可爱，但脸色非常的苍白，连走路也由父母扶持。

这种病症实际上是由于家庭环境或其他因素所引起的复杂心理所致，或许是由于在学校受到异常的刺激引起。这是典型的欲求不满的严重症状。治疗这种病患，令其平心静气为首要条件。

于是，笔者首先指导其做腹式呼吸，慢慢地深入，一直达到相当的程度后，开始实施催眠的温感暗示，尤其对于腹部的神经更应注意温感暗示。

“你的胃肠都很正常地在活动着，对于什么东西都可以吃得津津有味吧？”经过数次催眠治疗，他逐渐恢复了元气，对于母亲所购买的点心、肉类、菜肴，都能津津有味地吃下去，不久就精神饱满地上学了。

神经性胃炎的催眠疗法

在某公司担任业务经理的薛先生正值四十岁的壮年期，他在年轻时胃就有毛病，因此瘦弱如柴。

薛先生多年来总是盼望自己能有健壮的身体。但由于每天都需要处理相当多的事务，因此十分忙碌，而且每件事都需要费脑筋。

为了消除这种紧张感，他时常借酒麻醉自己。虽然他平常对酒产生兴趣，但也由于胃不好的潜意识在作用，所以每次都无法尽情地畅饮。每当喝酒的时候总是提心吊胆的，随着酒量的增加，胃的情况却日益恶化。

医师诊断这是属于神经性的病症，要使其痊愈颇不简单。经友人介绍，他来拜访笔者。

经接触，笔者发现薛先生属于神经质的人物，具有细腻的神经系统，不但原来就有慢性胃炎，而且还有胃下垂症状的迹象。

对于这种肠胃病的治疗，药物或食物固然都有作用，但避免精神上的过度疲劳是不可忽略的关键。因为胃肠不好，所以对于任何东西也都索然无味，毫无兴趣，于是再好的营养品也无法吸收，造成食物不容易清化而停滞于胃肠内，排泄也不好，因而成天闷闷不乐，情绪不好，甚至脾气变得暴躁易怒。

因此，在治疗过程中首先要消除情绪的紧张感，方可以真正达到治疗的目的。于是，笔者就以促进全身松弛的腹式呼吸为重点，开始进行指导。经过使用后倒法而使其全身僵直，并且立即恢复原状而使其以右侧为下横卧，消除全身紧张的同时又指导作深呼吸。在他心神安定下来的时候，将手按在胸椎的中间（正好是胃部的后侧，肩胛骨的下面）并且使注意力集中。此时笔者也给予其温感暗示：马上就产生效用。因为支配着胃的自律神经是以此处为据点而分散的，所以此处也最适合于进行充分且加深温感的暗示。由此再扩展至背部和腹部。

如此连续做三个星期后发现颇有显著的效果，他的脸色也红润起来了。于是笔者给予患者强化温感暗示，而他自己也非常配合地接受催眠指导，结果胃痛很快就消失，内心逐渐平和。

根据患者后来的电话陈述，他全身的皮肤变得光滑细腻，体重也随着增加了。

用弛缓暗示诱导治疗失眠症

因失眠症而引起苦恼的人相当多。那是 2005 年 12 月的一天，有一位念成人本科函授的三十岁左右的学员来见我。他皮肤晒得黑黑的，乍看之下好像很健康强壮。他诉说每天夜晚都无法好好地入眠。

我使其安静地平躺下来，待其安稳之后，问其详细症状。

“我是个中学教师，几乎终年都在为学生的考分而忙着。约在一年前就开始有睡不着的症状，而且越是勉强自己入睡却越是清醒，即使是小小的声音也会使我分心。我到医务室索取药物，虽能暂时性地发生时效，却不能持久，尤其当药效消失之后，更加睡不着，苦不堪言。”

那天晚上，也是隔天就要统考的时候，他非常焦急，希望能迅速把失眠的问题解决了。

失眠的症状虽然有很多种，但一个共同点就是多数患者都对“睡不着”有着异常的恐惧感。很多人在上床时都有一种错误的意识，即“今夜恐怕又要失眠了，因为我睡不着且毫无睡意”等不安的心理。既然已有这种念头焉能安眠呢？即使好不容易已经培养到打盹的情况，但常常被很小的声音所惊醒，这样就更加睡不着了。

这位老师每夜都有这种意念，由于他对上床本来就具有惧怕的心理，因而不能安安稳稳地入睡，这也是理所当然的事。

于是，笔者对他做了数次弛缓暗示，使其放松，然后暗示：

“现在你的心绪应该很舒畅了，并且将会逐渐地坠入深深的催眠状态中，不久即可进入甜美的梦乡中，这将是个无法形容的安乐境界……从今夜起，你将可以从睡不着的苦闷中解放出来，会有睡不着也不在乎的心理。所以你将会毫无顾忌且很快进入梦乡，并且在不知不觉中被诱导到快乐的梦境。到了次日就能以非常舒爽的心情去迎接一天的开始，你不妨深深地打个大哈欠，或者想些开心的事大笑一番，如此就能保持快乐的心情！”

有了暗示的启示之后，让患者自己做催眠动作。数天后我接到他的电话，他说自己已感到情绪非常平静稳定，并且在未达到自律训练的最后阶段前，就已进入深睡状态中，听见他从话筒中传来的朗朗笑声，我感到由衷的快慰。

异常肥胖的催眠疗法

易女士是某中学的音乐老师，这几年来一直为自己的肥胖而感到无比苦恼。虽然她曾到处寻找专家治疗，尝试药物减肥，却没有什么明显效果。

易女士对笔者说："我已经害怕得不敢吃饭了，但对于自己所喜爱的食物却不能不吃，勉强忍受是相当难过的，特别是食欲旺盛的时候。"

异常肥胖对于成年人尤其是女性而言是很大的烦恼，但简单对其灌输"你会瘦"的观念，或用不合情理的减肥措施，可以说是有害无益的。胖瘦与人的心态密切相关，纯粹靠药物减肥是无法达到满意的效果的。事实上，凡是患肥胖症的人，多少都有点神经质。

因此，对肥胖患者的治疗要从人格上着手。

如前所述，催眠治疗是靠着施术者与受术者的心灵默契而产生效果的。给予受术者催眠状态的暗示，这是对潜意识的直接作用而言，意识上的努力可以收到明显的效果。笔者通过对易女士实施催眠暗示，让她对肥胖的认知发生改变，从而调整饮食习惯。譬如，在潜意识控制状态下，向她暗示：

"在我们周围有许多食物，由于饮食的习惯，而将这些食物加以调理，并养成对食物品尝的乐趣，这或许是一件最好不过的事，而且这才是人生真正的意义。因此，每当饮食的时候，就要把所有的精神集中在对食物的品尝上。这样，即使就是少数的食物，也能满足欲望。"

"你什么东西都可以吃，诸如肉类、鱼类、蔬菜、水果。可以吃的东西很多，不妨痛痛快快尽情地吃吧！"

"好吃的东西相当多，用心品尝才对。"

"当你吃饭的时候以愉快的心情去享受，什么东西都会被充分地消化，营养也被充分地摄取，所以你会越来越健康，而且全身充满活力，生气勃勃。当然，这会使你显得更加迷人了。”

“多做运动活动筋骨，身体也可获得快乐！”

经过这样暗示，一段时间之后，易女士原本肥胖的身体，就在不知不觉中变得均匀而且相当健康了。

附录三：催眠易感性人格特质调查

一、概述

许多研究表明，催眠易感性与人格特质之间存在密切关系。稳定型外向性格者或内向型神经质者的催眠易感性通常比较强，而稳定型内向性格者或外向型神经质者的催眠易感性则比较弱。在实践中，我们利用《卡特尔16人格因素量表》可对人格特质进行有效的测查。

卡特尔16种人格因素测验，是美国伊利诺伊州立大学人格及能力测验研究所卡特尔教授在综合采用观察法、实验法和多因素分析法，确定了人格结构的16种特质的基础上，编制的理论构想型测验量表。该测验量表自20世纪50年代推出以来，已被世界上许多国家所采用。

卡特尔所确定的16种人格特质的名称和符号是：

(A) 乐群性	(B) 聪慧性	(C) 稳定性	(E) 恃强性
(F) 兴奋性	(G) 有恒性	(H) 敢为性	(I) 敏感性
(L) 怀疑性	(M) 幻想性	(N) 世故性	(O) 忧虑性
(Q_1) 试验性	(Q_2) 独立性	(Q_3) 自律性	(Q_4) 紧张性

上述这些人格特质的含义解释如下：

1. 因素A

高分者：开朗、热情、随和，易于建立社会联系，在集体中倾向于承担责任和担任领导。推销员、企业经理、商人、会计、教士、社会工作者等多具有此种特质。在性方面倾向于自由、早婚。在职业中容易得到晋升。

低分者：保守、孤僻、严肃、退缩、拘谨、生硬。在职业上倾向于从事富于创造性的工作，如科学家（尤其是物理学家和生物学家）、艺术家、音乐家和作家。

2. 因素 B

这是一个智力因素，并非产生于因素分析。高分者较聪明，低分者较迟钝。

3. 因素 C

高分者：情绪稳定、成熟，能够面对现实，在集体中较受尊重。较少患慢性病。容易与别人合作，多倾向于从事技术性工作、管理性工作，如飞行员、空中小姐、护士、研究人员、优秀运动员。不容易患精神疾病。

低分者：情绪不稳定、幼稚、意气用事。当在事业和爱情中受挫时情绪沮丧，不易恢复。多倾向于从事会计、办事员、农工、艺术家、售货员、教授等。身体易患慢性疾病。婚姻稳定性较差。

4. 因素 E

高分者：武断、盛气凌人、争强好胜、固执己见，有时表现出反传统倾向，不愿循规蹈矩，在集体活动中有时不遵守纪律，社会接触较广泛，有时饮酒过量，睡眠较少，不太注重宗教信仰，在婚后更看重独立性。在学校学习期间，学习成绩一般或稍差。在大学期间可能表现较强的数学能力。创造性和研究能力较强，经商能力稍差。

低分者：谦卑、温顺、惯于服从、随和。职业选择倾向于教士、咨询顾问、农工、教授、医生、办事员。

5. 因素 F

高分者：轻松、愉快、逍遥、放纵，身体较健康，经济状况较好，性方面自我约束力较差，社会联系广泛，在集体中较引人注目。在家庭中，夫妻相互独立性较强。在职业上，倾向于运动员、商人、飞行员、战士、空中小姐、水手。惯犯中具此种特质的人较多。不容易得各种精神疾患和冠心病。

低分者：节制、自律、严肃、沉默寡言。职业上倾向于会计、行政人员、艺术家、工程师、教士、教授、科研人员等。不容易犯罪。在经济生活、道德行为、体育活动等方面都较谨慎，不喜欢冒险。学术活动能力比社会活动能力强一些。

6. 因素G

高分者：真诚、重良心、有毅力、道德感强、稳重、执著，孝敬尊重父母，对异性较严谨，受到周围人的好评。社会责任感强，重视宗教，工作勤奋，睡眠较少，在直接接触的小群体中会自然而然地成为领导性人物。在职业上倾向于会计、教士、民航驾驶员、空中小姐、百货公司经理等。很少有犯罪违法行为。宗教先知和宗教领袖多具有此特质。

低分者：自私、唯利是图、不讲原则、不守规则、不尊重父母、对异性较随便、缺乏社会责任感、轻视宗教。在职业上倾向于艺术家、社会工作者、社会科学家、竞技运动员、作家、记者等。具有此种特质的人可能有违法行为。那些声名狼藉的人多具有此特质。

7. 因素H

高分者：冒险、不可遏制，在社会行为方面胆大妄为。副交感神经占支配地位。在职业上，倾向于竞技体育运动员、商人、音乐家、机械师等。

低分者：害羞、胆怯、易受惊吓。交感神经占支配地位。在职业上，倾向于牧师、教士、编辑人员、农业工人。

8. 因素I

高分者：细心、敏感、依赖。通常身体较弱、多病，不太爱参加体育锻炼。遇事优柔寡断、缺乏自信。儿童期间多受到家庭的溺爱和过分保护。很少喝酒。一般女性得分高于男性。在职业上倾向于美术、牧师、教士、教授、行政人员、生物学家、社会科学家、社会工作者、编辑。在学习上，语文优于数学。

低分者：粗心、自立、现实。通常身体较健康，喜欢参加体育活动。遇事果断、自信。职业上倾向于物理学家、工程师、飞行员、电气技师、销售经理、警察等。

9. 因素L

高分者：多疑、戒备，不易受欺骗。易困，多睡眠。在集体中与他人保持距离，缺乏合作精神。职业上倾向于艺术家、编辑、农业工人、管理人员、创造性科学研究人员。有时有自杀、同性恋、违法、吸毒等行为。

低分者：真诚、合作、宽容，容易适应环境，在集体中容易与人形成良好关系。职业上倾向于会计、飞行员、空中小姐、炊事员、电气技师、机械师、生物学家、物理学家。

10. 因素M

高分者：富于想象、生活豪放不羁、对事漫不经心。通常在中学毕业后努力争取继续学习而不是早早就业。在集体中不太引人注目。不修边幅，不爱整洁，粗枝大叶。经常变换工作，不易被晋升。具此种特质的人大多属于艺术家。具此种特质的人较多有吸毒、同性恋、违法方面的行为。

低分者：现实、脚踏实地、处事稳妥，具忧患意识，办事认真谨慎。

11. 因素N

高分者：机敏、狡猾、圆滑、世故、人情练达、善于处世。不易罹患精神疾患。在社会中容易取得较好的地位。善于解决疑难问题，在集体中受到人们的重视。职业上倾向于心理学家、企业家、商人、空中小姐等。

低分者：直率、坦诚、不加掩饰、不留情面，有时显得过于刻板，不为社会所接受。在社会中不易取得较高地位。职业上倾向于艺术家、教士、汽车修理工、矿工、厨师、警卫。

12. 因素O

高分者：忧郁、自责、缺乏安全感、焦虑、不安、自扰、杞人忧天。朋友较少。在集体中既无领袖欲望，亦不被推选为领袖。常对环境进行抱怨，满腹牢骚。害羞、不善言辞、爱哭。职业上倾向于艺术家、教士、农工。

低分者：自信、心平气和、坦然、宁静，有时自负、自命不凡、自鸣得意，容易适应环境，知足常乐。职业上倾向于战斗飞行员、竞技体育运动员、行政人员、物理学家、机械师、空中小姐、心理学家。

13. 因素Q_1

高分者：好奇、喜欢尝试各种可能性、思想自由、开放、激进。接近进步的政治党派，对宗教活动不够积极。身体较健康。在家庭中较少大男子主义。职业倾向于艺术家、作家、会计、工程师、教授。

低分者：保守、循规蹈矩、尊重传统。职业倾向于运动员、教士、农工、机械师、军官、音乐家、商人、警察、厨师、保姆。

14. 因素Q_2

高分者：自信、有主见、足智多谋，遇事勇于自己做主，不依赖他人，不推诿责任。职业上倾向于创造性工作，如艺术家、工程师、科学研究人员、教授、作家。

低分者：依赖性强，缺乏主见，在集体中经常是一个随波逐流的人，对于权威是一个忠实的追随者。职业上倾向于空中小姐、厨师、保姆、护士、尼姑、社会工作者。

15. 因素 Q_3

高分者：较强的自制力、较准确的意志力量、较坚定地追求自己的理想，有良好的自我感觉和自我评价，通常注重性道德，饮酒适度。在集体中，可以提出有价值的建议。职业上倾向于大学行政领导、飞行员、科学家、电气技师、警卫、机械师、厨师、物理学家。

低分者：不能自制、不遵守纪律、自我矛盾、松懈、随心所欲、为所欲为、漫不经心、不尊重社会规范。不太注重性道德，饮酒无节制。在职业上倾向于艺术家。

16. 因素 Q_4

高分者：紧张、有挫折感、经常处于被动局面、神经质、不自然、做作。在集体中很少被选为领导，通常感到不被别人尊重和接受。经常自叹命薄。在压力下容易惊慌失措。多患高血压症。职业倾向于农业工人、售货员、作家、记者。

低分者：放松、平静、有时反应迟钝、不敏感、很少有挫折感、遇事镇静自若。职业倾向于空中小姐、飞行员、海员、地理学家、物理学家。

上述人格特质因素是各自独立的，每一种因素与其他因素的相关度极小。由于这些因素的不同组合，就构成了一个人不同于其他人的独特个性。将16个分量表的得分放在一起，可以得到关于受测者个性的剖析图。效度资料中还包括50种不同精神心理疾患的典型剖析图，这些剖析图可以作为精神心理诊断的一种参考。

卡特尔16种人格因素测验共由187个测验题目组成，覆盖16种人格特质因素。每一种人格特质因素由10～13个测题予以确定。16种因素的测题采取按序轮流排列，以便于计分，并保持受试者作答时的兴趣。每一测题备有3个可能的答案，使受测者有折中的选择。测验的指导语和题目可由被试自己看，也可由主试读给被试听。可以个别施测，也可团体施测。测验时，每个被试发一份答卷纸，没有时间限制，并要求被试依题序以第一印象作答，无须迟疑不决，拖延时间。以下是卡特尔16种人格因素测验的全文。

二、卡特尔16种人格因素测验问卷

【指导语】

本测验包括一些有关个人兴趣与态度的问题。每个人都有自己的看法，对问题的回答自然不同。无所谓“正确”或“错误”。请应试者尽量表达自己的意见。

下面是四个例题。请尝试回答这几个问题，选出你的答案。每一题后附有三个空格；如果你选答“A”，则在第一格内画“×”；选答“B”则在第二格内画“×”；选答“C”则在等三格内画“×”。

例题：

1. 我喜欢看团体球赛：

A. 是的　　B. 偶然的　　C. 不是的

2. 我所喜欢的人大都是：

A. 拘谨缄默的　　B. 介乎A与C之间　　C. 善于交际的

3. 金钱不能给予快乐：

A. 是的　　B. 介乎A与C之间　　C. 不是的

4. “女人”与“儿童”，犹如“猫”与：

A. 小猫　　　　　　　B. 狗　　　　　　　C. 男童

第四题的正确答案应为“小猫”，不过问卷中这一类问题比较少见。

作答时，请注意下列四点：

（1）请不要费时斟酌，应当顺其自然地依你个人的反应选答。一般说来，问题都略嫌简短而不能包含所有有关的因素或条件。比如第一题是有关球赛的问题，你对于参观排球赛或篮球赛的爱好可能不同，你的回答应就一般球赛而论。通常每分钟可做五六题，全部问题应在半小时内完成。

（2）除非在万不得已的情形下，尽量避免如“介于 A 与 C 之间”，或“不甚确定”这样的中性答案。

（3）请不要遗漏，务必对每一个问题作答。有些问题似乎不符合于你，有些问题又似乎涉及隐私，但本测验的目的，在于研究比较青年和成人的兴趣和态度，希望参试者真实作答。

（4）作答时，请坦白表达自己的兴趣与态度，不必顾忌到主试者或其他人的意见与立场。

【测题】

1. 我很明了本测验的说明：

A. 是的　　　　　　　B. 不一定　　　　　　C. 不是的

2. 我对本测验每一个问题都会按自己的真实情况作答：

A 是的　　　　　　　B. 不一定　　　　　　C. 不同意

3. 有度假机会时，我宁愿：

A. 去一个繁华的都市

B. 介乎 A 与 C 之间

C. 闲居清静而偏僻的郊区

4. 我有足够的能力应付困难：

A. 是的　　B. 不一定　　C. 不是的

5. 即使是关在铁笼内的猛兽也会使我见了惴惴不安：

A. 是的　　B. 不一定　　C. 不是的

6. 我总避免批评别人的言行：

A. 是的　　B. 有时如此　　C. 不是的

7. 我的思想似乎：

A. 走在时代前面

B. 不太确定　　C. 正符合时代

8. 我不擅长说笑话讲趣事：

A. 是的　　B. 介于A与C之间　　C. 不是的

9. 当我看到亲友邻居争执时，我总是：

A. 任其自己解决　　B. 置之不理　　C. 予以劝解

10. 在社交场合中，我：

A. 谈吐自然

B. 介于A与C之中

C. 退避三舍，保持沉默

11. 我愿做一名：

A. 建筑工程师　　B. 不确定　　C. 社会科学教员

12. 阅读时，我宁愿选读：

A. 著名的宗教教义

B. 不确定

C. 国家政治组织的理论

13. 我相信许多人都有心理不正常，虽然他们都不愿意承认：

A. 是的　　B. 介于A与C之间　　C. 不是的

14. 我所希望的结婚对象应擅长交际而无须有文艺才能：

A. 是的　　B. 不一定　　C. 不是的

15. 对于头脑简单和不讲理的人，我仍能待之以礼：

A. 是的　　B. 介于 A 与 C 之间　　C. 不是的

16. 受人侍奉时我常感到不安：

A. 是的　　B. 介于 A 与 C 之间　　C. 不是的

17. 从事体力或脑力劳动后，我比平常人需要更多的休息才能恢复工作效率：

A. 是的　　B. 介于 A 与 C 之间　　C. 不是的

18. 半夜醒来，我会为各种忧虑而不能入眠：

A. 常常如此　　B. 有时如此　　C. 极少如此

19. 事情进行不顺利时，我常会急得掉眼泪：

A. 从不如此　　B. 有时如此　　C. 时常如此

20. 我认为只要双方同意就可以离婚，不应当受传统礼教束缚：

A. 是的　　B. 介于 A 与 C 之间　　C. 不是的

21. 我对于人或物的兴趣都很容易改变：

A. 是的　　B. 介于 A 与 C 之间　　C. 不是的

22. 筹划事务时，我宁愿：

A. 和别人合作　　B. 不确定　　C. 自己单独进行

23. 我常会无端地自言自语：

A. 常常如此　　B. 偶然如此　　C. 从不如此

24. 无论工作、饮食或出游，我总：

A. 很匆忙，不能尽兴

B. 介于 A 与 C 之间

C. 很从容不迫

25. 有时我会怀疑别人是否对我的言谈真正有兴趣：

A. 是的　　B. 介于 A 与 C 之间　　C. 不是的

26. 在工厂中，我宁愿负责：

A. 机械组　　　　D. 介于 A 与 C 之间　C. 人事组

27. 在阅读时，我宁愿选读：

A. 太空旅行　　　　B. 不太确定　　　　C. 家庭教育

28. 下列三个字中哪个字与其他两个字属于不同类型：

A. 狗　　　　B. 石　　　　C. 牛

29. 如果我能重新做人，我要：

A. 把生活安排得和以前不同

B. 不确定

C. 生活得和以前相仿

30. 在我一生之中，我总能达到我所预期的目标：

A. 是的　　　　B. 不一定　　　　C. 不是的

31. 当我说谎时，我总觉内心不安，不敢正视对方：

A. 是的　　　　B. 不一定　　　　C. 不是的

32. 假使我手持一支装有子弹的手枪，我必须取出子弹才能安心：

A. 是的　　　　B. 介于 A 与 C 之间　C. 不是的

33. 朋友们大都认为我是一个说话风趣的人：

A. 是的　　　　B. 不一定　　　　C. 不是的

34. 如果人们知道我的内心世界，他们都会感到惊讶：

A. 是的　　　　B. 不一定　　　　C. 不是的

35. 在社交场合中，如果我突然成为众所注意的中心，会感到局促不安：

A. 是的　　　　B. 介于 A 与 C 之间　C. 不是的

36. 我总喜欢参加规模庞大的聚会、舞会或公共集会：

A. 是的　　　　B. 介于 A 与 C 之间　C. 不是的

37. 在下列工作中，我更喜欢的是：

A. 音乐　　　　B. 不确定　　　　C. 手工

38. 我常常怀疑那些过分友善的人动机是否如此：

A. 是的　　　　B. 介于A与C之间　C. 不是的

39. 我宁愿自己的生活像：

A. 一个艺人或博物学家

B. 不确定

C. 会计师或保险公司的经纪人

40. 目前世界所需要的：

A. 多产生一些富有改善世界计划的理想家

B. 不确定

C. 脚踏实地的可靠公司

41. 有时候我觉得我需要做剧烈的体力活动：

A. 是的　　　　B 介于A与C之间　C. 不是的

42. 我愿意与有礼貌有教养的人来往，而不愿和粗鲁野蛮的人为伍：

A. 是的　　　　B. 介于A与C之间　C. 不是的

43. 在处理一些必须凭借智慧的事务中，我的父母的确：

A. 较一般人差　　B. 普通　　　　C. 超人一等

44. 当上司（或教师）召见我时，我：

A. 总觉得可以趁机会提出建议

B. 介于A与C之间

C. 总怀疑自己做错了什么事

45. 假使薪俸优厚，我愿意专任照料精神病人的职务：

A. 是的　　　　B. 介于A与C之间　C. 不是的

46. 看报时，我喜欢读：

A. 当前世界基本社会问题的辩论

B. 介于 A 与 C 之间
C. 地方新闻的报道
47. 我曾担任过:
A. 一种职务　　B. 多种职务　　C. 非常多的职务
48. 逛街时，我宁愿观看一个画家写生，而不愿旁听人家议论:
A. 是的　　B. 不一定　　C. 不是的
49. 我的神经脆弱，稍有刺激性的声音就会使我战栗:
A. 时常如此　　B. 有时如此　　C. 从不如此
50. 我在清早起床时，就常常感到疲乏不堪:
A. 是的　　B. 介于 A 与 C 之间　　C. 不是的
51. 我宁愿是一个:
A. 管森林的工作人员
B. 不一定
C. 中小学教员
52. 每逢年节或亲友生日。我:
A. 喜欢互相赠送礼物
B. 不太确定
C. 觉得交换礼物是麻烦的事
53. 下列数字中，哪个数字与其他两个数字属于不同类:
A. 5　　B. 2　　C. 7
54. “猫”与“鱼”就如同“牛”与:
A. 牛乳　　B. 牧草　　C. 盐
55. 在为人处事的各个方面，我的父母很值得敬佩:
A. 是的　　B. 不一定　　C. 不是的
56. 我觉得我有一些别人所不及的优良品质:
A. 是的　　B. 不一定　　C. 不是的

57. 只要有利于大家，尽管别人认为卑贱的工作，我也乐意为之，不以为耻：

A. 是的　　B. 不太确定　　C. 不是的

58. 我喜欢看电影或参加其他娱乐活动：

A. 每周一次以上（比一般人多）

B. 每周一次（与一般人相似）

C. 偶然一次（比一般人少）

59. 我喜欢从事需要精确技术的工作：

A. 是的　　B. 介于 A 与 C 之间　　C. 不是的

60. 在有思想、有地位的长者面前，我总较为缄默：

A. 是的　　B. 介于 A 与 C 之间　　C. 不是的

61. 就我来说，在大众面前演讲或表演是一件不容易的事：

A. 是的　　B. 介于 A 与 C 之间　　C. 不是的

62. 我宁愿：

A. 指挥几个人做　　B. 不确定　　C. 和团体共同做

63. 纵使我做了一桩贻笑大方的事，我也仍然能够将它淡然忘却：

A. 是的　　B. 介于 A 与 C 之间　　C. 不是的

64. 没有人会幸灾乐祸地希望我遭遇困难：

A. 是的　　B. 不确定　　C. 不是的

65. 堂堂的男子汉应该：

A. 考虑人生的意义　　B. 不确定　　C. 谋求家庭的温饱

66. 我喜欢解决别人已弄得一塌糊涂的问题：

A. 是的　　B. 介于 A 与 C 之间　　C. 不是的

67. 我十分高兴的时候总有“好景不常”之感：

A. 是的　　B. 介于 A 与 C 之间　　C. 不是的

68. 在一般的困难处境下，我总能保持乐观：

A. 是的　　B. 不一定　　C. 不是的

69. 迁居是一桩极不愉快的事：

A. 是的　　B. 介于A与C之间　　C. 不是的

70. 在我年轻的时候，如果我和父母的意见不同，我经常：

A. 坚持自己的意见

B. 介于A与C之间

C. 接受他们的意见

71. 我希望我的爱人能够使家庭：

A. 有其自身的欢乐与活动

B. 介于A与C之间

C. 成为邻里社交活动的一部分

72. 我解决问题多数依靠：

A. 个人独立思考　　B. 介于A与C之间　　C. 与人互相讨论

73. 需要当机立断时，我总：

A. 镇静地运用理智

B. 介于A与C之间

C. 常常紧张兴奋，不能冷静思考

74. 最近，在一两桩事情上，我觉得自己是无故受累：

A. 是的　　B. 介于A与C之间　　C. 不是的

75. 我善于控制我的友情：

A. 是的　　B. 介于A与C之间　　C. 不是的

76. 如果薪俸相等，我宁愿：

A. 当个化学研究师

B. 不确定

C. 当个旅行社经理

77. “惊讶”与“新奇”犹如“惧怕”与：

A. 勇敢　　B. 焦虑　　C. 恐怖

78. 下列三个分数中，哪一个与其他两个属不同类别？

A. $\frac{3}{7}$　　B. $\frac{3}{9}$　　C. $\frac{3}{11}$

79. 不知什么缘故，有些人故意回避或冷淡我：

A. 是的　　B. 不一定　　C. 不是的

80. 我虽善意待人，却得不到好报：

A. 是的　　B. 不一定　　C. 不是的

81. 我不喜欢那些夜郎自大，目空一切的人：

A. 是的　　B. 介于 A 与 C 之间　　C. 不是的

82. 和一般人相比，我的朋友的确太少：

A. 是的　　B. 介于 A 与 C 之间　　C. 不是的

83. 出于万不得已时，我才参加社交集会，否则我总设法回避：

A. 是的　　B. 不一定　　C. 不是的

84. 在服务机关中，对上级的逢迎得当，比工作上的表现更为重要：

A. 是的　　B. 介于 A 与 C 之间　　C. 不是的

85. 参加竞赛时，我看重的是竞赛活动，而不计较其成败：

A. 总是如此　　B. 一般如此　　C. 偶然如此

86. 我宁愿我所从事的职业有：

A. 固定可靠的薪水

B. 介于 A 与 C 之间

C. 薪资高低能随我工作的表现而随时调整

87. 我宁愿阅读：

A. 军事与政治的事实记载

B. 不一定

C. 一部富于情感与幻想的作品

88. 有许多人不敢欺骗、犯罪，主要原因是怕受到惩罚：

A. 是的　　B. 介于A与C之间　　C. 不是的

89. 我的父母（或保护人）从未很严格地要我事事顺从：

A. 是的　　B. 不一定　　C. 不是的

90. “百折不挠”、“再接再厉”的精神似乎完全被现代人忽视了：

A. 是的　　B. 不一定　　C. 不是的

91. 如果有人对我发怒，我总：

A. 设法使他镇静下来

B. 不太确定

C. 也会恼怒起来

92. 我希望大家都提倡：

A. 多吃蔬菜以避免杀生

B. 不一定

C. 发展农业，捕灭对农产品有害的动物

93. 无论在极高的屋顶上还是极深的隧道中，我很少觉得胆怯不安：

A. 是的　　B. 介于A与C之间　　C. 不是的

94. 我只要没有过错，不管人家怎样归咎于我，我总能心安理得：

A. 是的　　B. 不一定　　C. 不是的

95. 凡是无法运用理智来解决的问题，有时就不得不靠权力来处理：

A. 是的　　B. 介于A与C之间　　C. 不是的

96. 我十六七岁时与异性朋友的交游：

A. 极多　　B. 介于A与C之间　　C. 比别人冷淡

97. 我在交际场合或所参加的组织中是一个活跃分子：

A. 是的　　B. 介于A与C之间　　C. 不是的

98. 在人声嘈杂中，我仍能不受妨碍，专心工作：

A. 是的　　B. 介于A与C之间　　C. 不是的

99. 在某些心境下，我常因困惑引起幻想而将工作搁置：

A. 是的　　B. 介于A与C之间　　C. 不是的

100. 我很少用难堪的话去中伤别人的感情：

A. 是的　　B. 不太确定　　C. 不是的

101. 我更愿意做一名：

A. 商店经理　　B. 不确定　　C. 建筑师

102. “理不胜辞”的意思是：

A. 理不如辞

B. 理多而辞寡

C. 辞藻丰富而理由不足

103. “锄头”与“挖掘”犹如“刀子”与：

A. 雕刻　　B. 切割　　C. 铲除

104. 我常横过街道，以回避我不愿招呼的人：

A. 很少如此　　B. 偶然如此　　C. 有时如此

105. 在我倾听音乐时，如果人家高谈阔论：

A. 我仍然能够专心倾听，不受影响

B. 介于A与C之间

C. 我会因不能专心欣赏而感到恼怒

106. 在课堂上，如果我的意见与教师不同，我常：

A. 保守缄默　　B. 不一定　　C. 当场表明立场

107. 我和异性朋友交谈时，竭力避免涉及有关“性”的话题：

A. 是的　　B. 介于 A 与 C 之间　　C. 不是的

108. 我待人接物的确不太成功：

A. 是的　　B. 不尽然　　C. 不是的

109. 每当考虑困难问题时，我总是：

A. 一切都未雨绸缪

B. 介于 A 与 C 之间

C. 相信到时候会自然解决

110. 我所结交的朋友中，男女各占一半：

A. 是的　　B. 介于 A 与 C 之间　　C. 不是的

111. 我宁可：

A. 结识很多人

B. 不一定

C. 维持几个深交的朋友

112. 我宁为哲学家，而不做机械工程师：

A. 是的　　B. 不确定　　C. 不是的

113. 如果我发现某人自私不义时，我总不顾一切指责他的弱点：

A. 是的　　B. 介于 A 与 C 之间　　C. 不是的

114. 我善用心计去影响同伴，使他们能协助实现我的目标：

A. 是的　　B. 介于 A 与 C 之间　　C. 不是的

115. 我喜欢做戏剧、音乐、歌剧等新闻采访工作：

A. 是的　　B. 不一定　　C. 不是的

116. 当人们赞扬我时，我总觉得不好意思：

A. 是的　　B. 介于 A 与 C 之间　　C. 不是的

117. 我以为现代社会最需要解决的问题是：

A. 政治纠纷　　B. 不太确定　　C. 道德目标的有无

118. 我有时会无故地产生一种面临横祸的恐惧：

A. 是的　　B. 有时如此　　C. 不是的

119. 我在童年时，害怕黑暗的次数：

A. 极多　　B. 不太多　　C. 没有

120. 黄昏闲暇，我喜欢：

A. 看一部历史探险影片

B. 不一定　　C. 读一本科学幻想小说

121. 当人们批评我古怪时，我觉得：

A. 非常气恼　　B. 有些动气　　C. 无所谓

122. 在一个陌生的城市找住址时，我经常：

A. 见人问路　　B. 介于 A 与 C 之间　　C. 参考市区地图

123. 朋友们声言要在家休息时，我仍想方设法怂恿他们外出：

A. 是的　　B. 不一定　　C. 不是的

124. 在就寝时，我：

A. 不易入睡　　B. 介于 A 与 C 之间　　C. 极易入睡

125. 有人烦扰我时，我：

A. 能不露声色

B. 介于 A 与 C 之间

C. 要说给别人听，以泄气愤

126. 如果薪俸相等，我宁愿做一个：

A. 律师　　B. 不确定　　C. 飞行员或航海员

127. 时间永恒是比喻：

A. 时间过得很慢　　B. 忘了时间　　C. 光阴一去不复返

128. 下列三项记号中，应紧接哪一项：

×○○○○××○○○××

A. ×○×　　B. ○○×　　C. ○××

129. 在陌生的地方，我仍能清楚地辨别东西南北：

A. 是的　　B. 介于A与C之间　　C. 不是的

130. 我的确比一般人幸运，因为我能从事自己所喜欢的工作：

A. 是的　　B. 不一定　　C. 不是的

131. 如果我急于想借用别人的东西而物主恰又不在，我认为先取后告亦无大碍：

A. 是的　　B. 介于A与C之间　　C. 不是的

132. 我喜欢向友人追述一些以往的有趣的社交经验：

A. 是的　　B. 介于A与C之间　　C. 不是的

133. 我更愿意做一名：

A. 演员　　B. 不确定　　C. 建筑师

134. 工作学习之余，我总要安排计划，不使时间浪费：

A. 是的　　B. 介于A与C之间　　C. 不是的

135. 与人交际时，我常会无端地产生一种自卑感：

A. 是的　　B. 介于A与C之间　　C. 不是的

136. 主动与陌生人交谈：

A. 是一桩难事　　B. 介于A与C之间　　C. 毫无困难

137. 我喜欢的音乐，多数是：

A. 轻快活泼　　B. 介于A与C之间　　C. 富于情感

138. 我爱做“白日梦”，即“完全沉浸于幻想之中”：

A. 是的　　B. 不一定　　C. 不是的

139. 未来20年的世界局势定将好转：

A. 是的　　B. 不一定　　C. 不是的

140. 童年时，我喜欢阅读：

A. 战争故事　　B. 不确定　　C. 神话幻想故事

141. 我素来对机械、汽车、飞机等有兴趣：

A. 是的　　　　　B. 介于A与C之间　C. 不是的

142. 我愿意做一个缓刑释放罪犯的管理监视人：

A. 是的　　　　　B. 介于A与C之间　C. 不是的

143. 人们认为我只不过是一个能苦干、稍有成就的人：

A. 是的　　　　　B. 介于A与C之间　C. 不是的

144. 在逆境中，我总能保持精神振奋：

A. 是的　　　　　B. 介于A与C之间　C. 不是的

145. 我以为人工节育是解决世界经济与和平问题的要诀：

A. 是的　　　　　B. 不太确定　　　C. 不是的

146. 我喜欢独自筹划，避免人家的干涉和建议：

A. 是的　　　　　B. 介于A与C之间　C. 不是的

147. 我相信"上司不可能没有过错，但他仍有权做当权者"；

A. 是的　　　　　B. 不一定　　　　C. 不是的

148. 我总设法使自己不粗心大意，忽略细节：

A. 是的　　　　　B. 介于A与C之间　C. 不是的

149. 与人争辩或险遭事故后，我常发抖，精疲力竭，不能安心工作：

A. 是的　　　　　B. 介于A与C之间　C. 不是的

150. 没有医生处方，我从不乱用药：

A. 是的　　　　　B. 介于A与C之间　C. 不是的

151. 为了培养个人的兴趣，我愿意参加：

A. 摄影组　　　　B. 不确定　　　　C. 辩论会

152. 星火燎原对等于姑息：

A. 同情　　　　　B. 养奸　　　　　C. 纵容

153. "钟表"与"时间"犹如"裁缝"与：

A. 西装　　　　　B. 剪刀　　　　　C. 布料

154. 生动的梦境常常打扰我的睡眠：

A. 时常如此　　B. 偶然如此　　C. 从未如此

155. 我过去曾撕毁一些禁止人们自由的布告：

A. 是的　　B. 介于 A 与 C 之间　　C. 不是的

156. 在一个陌生的城市中，我会：

A. 到处闲游　　B. 不确定　　C. 避免去较不安全的地方

157. 我宁愿服饰素洁大方，而不愿争奇斗艳惹人注目：

A. 是的　　B. 不太确定　　C. 不是的

158. 黄昏时，安静的娱乐远胜过热闹的宴会：

A. 是的　　B. 不太确定　　C. 不是的

159. 我常常明知故犯，不愿意接受好心的建议：

A. 偶然如此　　B. 经常如此　　C. 从不如此

160. 我总把“是非”、“善恶”作为判断或取舍的原则：

A. 是的　　B. 介于 A 与 C 之间　　C. 不是的

161. 我工作时不喜欢有许多人在旁参观：

A. 是的　　B. 介于 A 与 C 之间　　C. 不是的

162. 故意去为难一些有教养的人，如医生、教师等人的尊严，是一件有趣的事：

A. 是的　　B. 介于 A 与 C 之间　　C. 不是的

163. 在各种课程中，我较喜欢：

A. 语文　　B. 不确定　　C. 数学

164. 那些自以为是、道貌岸然的人最使我生气：

A. 是的　　B. 介于 A 与 C 之间　　C. 不是的

165. 与平常循规蹈矩的人交谈：

A. 颇有兴趣，亦有所得

B. 介于 A 与 C 之间 C. 他们思想的肤浅使我厌烦

166. 我喜欢：

A. 有几个有时对我很苛求却富有感情的朋友

B. 介于 A 与 C 之间

C. 不受别人的干涉

167. 如果做民意投票时，我宁愿投票赞同：

A. 切实根绝有心理缺陷者的生育

B. 不确定

C. 对杀人犯判死刑

168. 我有时会无端地感到沮丧、痛苦：

A. 是的 B. 介乎 A 与 C 之间 C. 不是的

169. 当我与立场相反的人辩论时，我主张：

A. 尽量指出基本观点的差异

B. 不一定 C. 彼此让步以解决矛盾

170. 我一向重感情而不重理智，因此我的观点常动摇不定：

A. 是的 B. 不至如此 C. 不是的

171. 我的学习效率多依赖于：

A. 阅读好书 B. 介于 A 与 C 之间 C. 参加团体讨论

172. 我宁选一个薪俸高的工作，不在乎有无保障，而不愿选薪俸低的固定工作：

A. 是的 B. 不太确定 C. 不是的

173. 在参加辩论以前，我总先把握住自己的立场：

A. 经常如此 B. 一般如此 C. 必要时才如此

174. 我常被一些无所谓的琐事所烦扰：

A. 是的 B. 介于 A 与 C 之间 C. 不是的

175. 我宁愿住在嘈杂的城市，而不愿住在安静的乡村：

A. 是的　　　　　　B. 不太确定　　　　　C. 不是的

176. 我宁愿：

A. 负责领导儿童游戏

B. 不确定

C. 协助钟表修理

177. 一人犯事，众人受累。我对这句话的反应是：

A. 愤　　　　　　　B. 债　　　　　　　C. 喷

178. 望子成龙的家长往往____苗助长：

A. 揠　　　　　　　B. 堰　　　　　　　C. 偃

179. 快速的转变并不影响我的情绪：

A. 是的　　　　　　B. 介于 A 与 C 之间　C. 不是的

180. 因为我对于一切问题都有些见解，大家都公认我富于思想：

A. 是的　　　　　　B. 介于 A 与 C 之间　C. 不是的

181. 我讲话的声音：

A. 洪亮　　　　　　B. 介于 A 与 C 之间　C. 低沉

182. 人们公认我是一个活跃热情的人：

A. 是的　　　　　　B. 介于 A 与 C 之间　C. 不是的

183. 我喜欢有旅行和变动机会的工作，而不计较工作本身是否有保障：

A. 是的　　　　　　B. 介于 A 与 C 之间　C. 不是的

184. 我做事严格，凡事都务求正确尽善：

A. 是的　　　　　　B. 介于 A 与 C 之间　C. 不是的

185. 在取回或归还东西时，我总仔细检查东西是否保持原状：

A. 是的　　　　　　B. 介于 A 与 C 之间　C. 不是的

186. 我通常精力充沛，忙碌事多：

A. 是的　　　　　　B. 不一定　　　　　C. 不是的

187. 我确信我没有遗漏或不经心回答上面任何问题：

A. 是的　　B. 不确定　　C. 不是的

三、卡特尔16种人格因素测验的计分规则与结果解释

（1）每一题各有A、B、C三个答案，分别可得0分、1分或2分。聪慧性（因素B）量表的题目有正确答案，每题答对1分，不对0分。

（2）卡特尔16种人格因素测验一般采用计算机程序自动计分或手动模板计分。若是手动模板计分，则通常有两张模板，每张可为8个量表计分。

利用模板计分，只能得到各个量表的原始分数。但各量表题目数量不等，因此需要通过查常模表将原始分数换算成标准10分（比标准9分多一个等级），再按标准10分在剖析图上找到相应的坐标位置，将各点连成曲线，最后可得到一个人的人格剖面图。需要说明的是，对16种人格因素的分数不能孤立地解释，因为16种因素分数高低的意义，有赖于其他各因素分数的高低或全体因素的组合方式。

（3）四种次元人格因素的确定方法：

卡特尔16种人格因素测验量表不但能明确描绘16种基本人格特征，而且还能通过对测验结果作统计分析，推算出许多种可以形容人格类型的次元因素。次元因素共有8种，这里列出其中与催眠易感性有关的4种计算方法。

①适应与焦虑性 $=0.2L-0.2C-0.2H+0.3O-0.2Q_3+0.4Q_4+3.8$

式中L、O、Q_4、C、H、Q_3分别代表相应量表的标准分数，所得分数即代表焦虑性之强弱。低分者生活顺利，通常感觉心满意足；

但极端低分者可能缺乏毅力，事事知难而退，不肯奋斗提高。高分者通常易于激动、焦虑，对于自己的境遇常常感到不满意，高度的焦虑不但减低工作的效率，而且也会影响身体的健康。

②内向与外向性 $=0.2A+0.3E+0.4F+0.5H-0.2Q_2-1.1$

式中字母A、E、F、H、Q_2代表相应量表的标准分数，所得分数即代表内外向性。低分者内向，通常羞怯而审慎，与人相处拘谨不自在。高分者外向，通常善于交际，不拘小节，不受拘束。内外向性格无所谓利弊，须以工作性质为准，例如，内向者较专心，能从事精确性的工作；外向者适于从事外交和商业工作，而对于学术研究却未必有利。

③感情用事与安详机警性
$=0.2C-0.4A+0.2E+0.2F-0.6I+0.2N-0.2M+7.7$

所得分数即代表安详机警性。低分者情绪多困扰不安，常感觉挫折气馁，遇到问题需经反复考虑才能决定，但平时较含蓄敏感，温文尔雅，讲究生活艺术。高分者安详警觉，果断刚毅，有进取精神，但常常过分现实，忽视了许多生活的情趣；遇到困难，有时不经考虑，不计后果，便贸然行事。

④怯懦与果敢性 $=0.4E-0.3A-0.2G+0.3M+0.4Q_1+0.4Q_2$

低分者常常人云亦云，优柔寡断，受人驱使而不能独立，依赖性强，因而事事迁就，以获取别人的欢心。高分者独立、果敢、锋芒毕露、有气魄，常常自动寻找可施展所长的环境或机会，充分表现自己的独创能力。

四、催眠易感性强者的人格特征剖面图

因素名称	因子得分及催眠易感性强者典型位置（用☺表示）									
	1	2	3	4	5	6	7	8	9	10
（A）乐群性										☺
（B）聪慧性										☺
（C）稳定性					☺					
（E）恃强性	☺									
（F）兴奋性										☺
（G）有恒性	☺									
（H）敢为性										☺
（I）敏感性					☺					
（L）怀疑性	☺									
（M）幻想性										☺
（N）世故性	☺									
（O）忧虑性					☺					
（Q_1）试验性										☺
（Q_2）独立性	☺									
（Q_3）自律性										☺
（Q_4）紧张性	☺									
（X_1）紧张性										☺
（X_2）紧张性										☺
（X_3）紧张性	☺									
（X_4）紧张性	☺									

催眠易感性强者的人格特征剖面图

参考文献

1. D. Olson. *The History Of Hypnosis*, Hay House, Inc. 1995.

2. Queen Letal. Modern hypnotism NewYork, Times Publishing company, American, 1989.

3. 陈自良，梅乔生. 催眠术的发展与沿革. 国外医学·社会医学分册，2003（3）

4. ［日］平井富雄. 自我催眠术. 张克云译. 中国青年出版社，1997

5. ［日］七田真. 超右脑革命. 刘天祥译. 中国生产力中心（台湾），1996

后　记

对催眠术感兴趣，始于我在北京师大读书时，目睹留日回国的张日昇教授给予我们学生的一次课堂示范。当时，一位同学被老师诱导至深度催眠状态，成了“人桥”。我对此惊讶不已，并促使自己不断去搜索、阅读有关资料。经过多年的理论探索和实际操练，我终于摸索出了其中的一些“道道”。催眠术不仅是人们防治心理疾病的有效工具，而且也是挖掘人的学习与工作潜能的得力助手。现将自己多年的心得体会奉献给大家，愿能抛砖引玉。

本书的撰写和出版，得益于许多人的支持和帮助，甑艳婷、李菲、张小惠、周军民、赖克中、李杏芳、周艳、林建辉、张大凡等同志，都曾在资料收集、整理方面付出不少努力。特别要表达的是，暨南大学出版社的陆祖康先生为本书的问世提供了大力的支持，在此谨致谢意。

宋专茂

2006 年 2 月

咨询电话：13342884284

电子邮箱：tgbk@ jnu. edu. cn

国际职业催眠协会公约（1978 年 3 月修订）部分译文

A．总则

1．使用催眠不应违背现行的任何法律条文。

2．催眠的使用不可超越催眠师的训练和能力范围，如原则 B1、B2、B3 等诸如此类的。

3．要把被催眠者的利益/健康永远放在首要地位来考虑。

4．要把被催眠者的权利和意愿永远放在首位。

B．催眠的运用

1．治疗。本协会仅允许受过正式教育和训练并取得政府许可的会员将催眠术运用于治疗目的。医疗及辅助治疗的医护人员仅可在他们各自的职业能力范围内有资格使用催眠术。正如一位牙医可以在牙科相关治疗中使用催眠术，但他在神经和其他疾病的治理方面就不可以使用催眠术。

2．催眠技术。催眠技师将催眠运用于治疗是不被允许的，除非在取得治疗许可的协会成员指导下，才可以使用某些催眠技师运用的特定功能。催眠技师的作用应该是催眠技术的指导和教学，而非治疗。

3．非治疗性应用。催眠技师可以将催眠应用于严格说来非治疗性的目的和用途，例如：矫正或打破某些习惯（非神经性习惯）；辅助学习进程，增强记忆力和注意力；促进社交和谐和舞台表现；提升运动能力；协助警务工作；其他的严格说来非医疗性质的社会、教育和文化工作。

4．电感应方法。无害的电感应引导方法，例如电击、颈动脉瘘管是可以使用的。

5. 催眠技师在催眠过程中不可以使用药物或镇静剂。

6. 催眠演示/展示。展示应该以专业和正当的方式进行，绝不可以包含任何怪异或哗众取宠的效果。

a. 疲劳测试，例如，使伸展开的四肢变得僵硬昏厥。这只可以用来简单地证明催眠可以防止过度疲劳和紧张。操作过程中不可以使用任何其他的外界压力。

b. 为避免可能导致的伤害，不可以执行使支撑物之间的全部身体僵硬昏厥的催眠。

c. 无痛和感觉消失的证明和展示不可以引起任何发炎、创伤或对被催眠者身体的任何部位造成伤害，包括不可以使用火和电击。

7. 催眠状态的中止。

a. 在中止催眠状态之前，应该给予被催眠者状态良好的暗示。

b. 中止催眠状态时，不可以使用任何突然、意外或是极端的方法。

c. 在中止催眠状态之前应该放弃某些暗示。这些暗示是在催眠过程中被施加并与催眠后的反应无关，或者并不是为了达到催眠后的反应而施加的。